WUCHTIGE
PAZIFIKS

Über Jahrzehnte hinweg war die „Null-Eins" der Inbegriff für die schwere Schnellzugdampflokomotive in Deutschland. Und sie ging als Urtype der Einheitsloks in die Annalen ein, obwohl parallel zur Zwillings-Pazifik auch eine vierzylindrige 2'C1' mit Verbundtriebwerk entwickelt wurde. Jedoch blieb es bei zehn Exemplaren der offenbar nur halbherzig realisierten Baureihe 02. Den zehn 1925/26 gefertigten Prototyp-01 hingegen folgten bis 1938 weitere 221 Maschinen, hinzu kamen bis 1942 noch die zehn durch Umbau der 02 entstandenen 01er.

Kritiker der von „Bauart-Papst" Richard Paul Wagner verfochtenen Konstruktionsprinzipien meinen, dass die 01 schon bei ihrem Erscheinen nicht mehr auf der Höhe der Zeit gewesen sei, erst recht nicht mehr gegen Ende des langen Beschaffungszeitraums. Während in Frankreich Maschinen mit Verbrennungskammerkesseln – also einem hohen Anteil hochwertiger Strahlungsheizfläche – reüssierten, setzte Wagner weiterhin auf eine möglichst große Rohrheizfläche. Deshalb bekamen die Lokomotiven ab Betriebsnummer 01 077 Kessel mit 6,8 Meter statt bisher 5,8 Meter langen Rohren, was zwar die Verdampfungsheizfläche und damit die „Kesselreserve" vergrößerte, aber erhebliche thermotechnische Nachteile mit sich brachte.

Ansonsten wurden die 01er schon während des Lieferzeitraums in vielerlei Hinsicht konstruktiv verbessert. Die Deutsche Bundesbahn ließ 50 Maschinen mit auf Hochleistung getrimmten Neubaukesseln ausrüsten. Ebenfalls neu konzipierte Dampferzeuger erhielten die 35 zur Baureihe 01^5 rekonstruierten Loks der Deutschen Reichsbahn in der DDR. Beide Kesselbauarten wiesen nun endlich Verbrennungskammern auf.

Gleichwohl meisterten auch Altbaukessel-01 weiterhin anspruchsvolle Aufgaben. Das Bw Hof setzte sie in der über die „Schiefe Ebene" führenden Relation Bamberg – Hof sogar lieber ein als die neubekesselten Maschinen. Bei der DR erbrachten sie zusammen mit 01^5 noch bis 1977 Bravourleistungen vor schweren internationalen Schnellzügen auf der Paradestrecke Berlin – Dresden. Bei der DB standen bis 1973 sowohl Loks mit Altbau- als auch mit Neubaukessel im Plandienst, bei der Reichsbahn einige Altbau-01 und 01^5 Kohle bis 1981/82. Kurz zuvor hatten die drastisch verteuerten Erdölimporte aus der Sowjetunion den ölgefeuerten 01^5 abrupt den Garaus gemacht.

Mit gegenüber der dem gleichen Thema gewidmeten Sonderausgabe 2/2006 erweitertem Seitenumfang stellt dieses EJ-Extra die Technik und Einsatzgeschichte der 01 noch ausführlicher dar. Ein Kapitel befasst sich speziell mit den Neubaukessel-01 der Bundesbahn, wobei die Abkehr von Wagner'schen Dogmen durch die Baugrundsätze des DB-Dampflokdezernenten Friedrich Witte deutlich wird. Fast durchweg neu bebildert, lässt das Heft die Ära der wuchtigen Pazifiks Revue passieren.

Zu aktualisieren war das Kapitel über die Museumsloks, denn glücklicherweise ist die 01 eine „lebende Legende". Für Sonderfahrten zur Verfügung steht seit Mai 2013 auch wieder die 01 150. Als fabrikneue Maschine führte sie 1935 die Nürnberger Jubiläumsparade zum 100. Geburtstag der Deutschen Eisenbahnen an, und 1985 nahm sie an den Paraden zur 150-Jahr-Feier teil. Wünschen wir ihr, dass sie als dann Hundertjährige auch zur 200-Jahr-Feier paradiert!

Konrad Koschinski

01 0508-0

Titelfoto:
A. Müll (Frankfurt Hbf,
um 1962)
Fotos dieser Doppelseite:
J. Nelkenbrecher, C. Bellingrodt/
Slg. Knipping, RBD Köln (Felten)/
Bildarchiv der Eisenbahnstiftung, R. Fell/Bildarchiv der
Eisenbahnstiftung,
R. Steger

FÜR DIE NACHWELT BEWAHRT
Immerhin 18 Exemplare der Baureihe 01 sind museal erhalten. Fast jedes zweite dampft gelegentlich vor Sonderzügen. Zu neuem Leben erwacht sind in jüngerer Zeit 01 150 und 01 180.
Seite 104

01 0501-5
11
10

Mit dem E 807 nach Saalfeld setzt sich die 01 501 (Bw Saalfeld) am Abend des 8. September 1980 im Leipziger Hauptbahnhof in Bewegung. Die Reko-01^{5} entstand im Jahr 1962 durch Umbau der 01 174, eine Ölhauptfeuerung erhielt sie 1965. Sie war bis März 1981 im Einsatz und wurde im Juni 1981 verschrottet. *Foto: J. Nelkenbrecher*

Eine Treibstange der 01 164 wird am 5. August 1970 im Bahnbetriebswerk Hof repariert. Die von der Deutschen Bundesbahn im Jahr 1960 mit einem Neubaukessel ausgerüstete Schnellzugdampflok war von 1969 bis 1971 in Hof beheimatet und ist als Museumslokomotive in Privatbesitz erhalten geblieben. *Foto: A. Müll*

Die 03 092 vom Bw Köln-Deutzerfeld leistet wohl im Mai 1955 einer 01 mit dem weitgehend aus den damals neuen Mitteleinstiegswagen gebildeten „Leichtschnellzug“ D 396 (Hamburg–Köln) Vorspann. Kurz vor Erreichen des Hauptbahnhofs Gelsenkirchen passiert der Zug das Hüttenwerk Schalker Verein. *Foto: H. Säuberlich*

001 168-4

Am Fuß der Schiefen Ebene in Neuenmarkt-Wirsberg macht die 001 168 im Herbst 1972 kräftig Dampf, um ihren Eilzug nach Hof über die 6,8 Kilometer lange Steilstrecke mit einer Maximalneigung von 25 ‰ zu befördern. Es gilt 158 Höhenmeter zu überwinden. Am 2. Juni 1973 endete der Planeinsatz der Baureihe 01 zwischen Bamberg und Hof. *Foto: J. Nelkenbrecher*

ZWILLING

ODER VIERZYLINDER-VERBUND

Die glanzvolle Ära der Pazifiks begann in Deutschland mit Vierzylinder-Verbundlokomotiven. Der badischen IV f folgte die über alle Maßen gerühmte bayerische S 3/6. Dennoch fielen bald nach dem Ende der Länderbahnzeit die Würfel zugunsten der Zwillings-Bauart in Gestalt der 01. Eher halbherzig realisierte man noch die vierzylindrige 02 mit Verbunddampfmaschine

Es gibt wohl kaum einen Eisenbahnfreund, dem die Baureihe 01 kein Begriff ist. Dabei sind seit ihrem Erscheinen mittlerweile über 90 Jahre vergangen. Sie markiert nach gängiger Lesart den Beginn des Einheitslok-Programms der Deutschen Reichsbahn, obwohl mindestens die 02 001 noch vor der ersten 01 abgeliefert worden war. Doch der Baureihe 02 blieb der Erfolg eben versagt, die 01 hingegen erlangte legendären Ruhm.

Angesichts der Fülle einschlägiger Fachpublikationen hieße es „Eulen nach Athen tragen", hier ein weiteres Mal im Detail die Entwicklung der Einheitslokomotiven darzustellen. Ganz ohne diesbezüglichen Exkurs lässt sich die Geschichte der Baureihe 01 aber kaum skizzieren. Also blicken wir kurz zurück ins Jahr 1920: Beim Zusammenschluss der bisherigen Länderbahnen zu den Reichseisenbahnen zählte man noch über 300 Dampflokomotivgattungen. Um dieser Vielfalt Herr zu werden, befassten sich mehrere zentrale Gremien zum einen mit der Straffung des Bestandes und der Konzentration auf möglichst wenige, zunächst noch weiter zu beschaffende Länderbahntypen. Zum anderen erörterte insbesondere der 1921 aus Fachleuten des Eisenbahn-Zentralamtes (EZA) und der ehemaligen Staatsbahnen gebildete Engere Lokomotivausschuß die Grundlagen für die Entwicklung völlig neuer Bauarten nach reichsweit einheitlichen Baugrundsätzen. Die konstruktive Durchbildung der neuen Loktypen oblag dem 1922 von der Industrie ins Leben gerufenen Vereinheitlichungsbüro. Die Arbeit dieses von Borsig-Chefkonstrukteur August Meister geleiteten Gremiums und die Beratungen im Lokomotivausschuß führten nach mehreren Vorstufen schließlich zum 1924 vorgelegten Typenprogramm, das 19 regelspurige sowie zwei schmalspurige Dampflokbauarten enthielt.

Die 1925 gemäß dem endgültigen Nummernplan bezeichnete Typenreihe künftiger Einheitslokomotiven war entscheidend von Richard Paul Wagner geprägt, dem seit

02 009 vom Bw Hof in Leipzig Hbf (1934). ***Foto: RVM/Bildarchiv der Eisenbahnstiftung***

Zwillingsbauart: Frontansicht der 01 001. ***Foto (1932): C. Bellingrodt/Slg. Knipping***

1923 für Dampf- und Motorlokomotiven verantwortlichen Bauartdezernenten des EZA respektive ab 1927 des Reichsbahn-Zentralamtes Berlin (RZA). So ging der auch dem Engeren Lokomotivausschuß angehörige Dezernent als „Vater der Einheitsloks" in die Geschichte ein. In Erinnerung geblieben ist er aber auch als autoritärer und eigensinniger Mann, der dogmatisch an althergebrachten Baugrundsätzen festhielt und sich innovativen Ideen verweigerte. Wagner gilt als Verfechter der „preußischen Schule", begründet vor allem mit seiner Vorliebe für die einstufige Dampfdehnung in der baulich einfachsten Form der Zwillingsdampfmaschine. Ebenso wie der von 1895 bis 1912 amtierende preußische Lokomotiv-Dezernent Robert Garbe (Schöpfer u.a. der berühmten P 8) mochte er sich offenbar mit der mit zweistufiger Dampfdehnung arbeitenden Verbundmaschine bei Heißdampflokomotiven nicht anfreunden.

Die Verbundtechnik an sich war jedoch bei den Preußischen Staatseisenbahnen keineswegs verpönt: In sehr großen Stückzahlen beschafften sie auch noch in der Ära Garbe beispielsweise die zweizylindrigen Nassdampf-Verbundlokomotiven der Gattungen S 3 und $P\ 4^2$ sowie diverser Gattungen für den Güterzugdienst. Von 1908 bis 1910 stellten sie immerhin 99 Schnellzugloks der Gattung S 9 mit vierzylindrigem Nassdampf-Verbundtriebwerk in Dienst. Gegen den Willen Garbes rangen sich die Preußischen Staatseisenbahnen schließlich bei der ab 1911 gelieferten $S\ 10^1$ zum Verbundverfahren mit Vierzylinder-Heißdampftriebwerk durch.

Der Verfasser maßt sich kein Urteil über die Richtigkeit Wagner'scher Konstruktionsprinzipien an. Doch von berufener Seite sind dazu äußerst kritische Stellungnahmen überliefert. Namentlich Theodor Düring – nach langjähriger Tätigkeit im Maschinen- und Werkstättendienst von 1948 bis 1961 Chef des Lokomotiv-Versuchsamtes der Deutschen Bundesbahn – bezeichnete das prinzipielle Festhalten an der Zwillingsdampfmaschine bis hin zur Leistungsklasse der 01 als falsch. Außerdem kritisierte er u.a. die bei großen Lokomotiven thermisch unvorteilhaften Kesselproportionen, das heißt: Langrohrkessel mit relativ zu kleiner Feuerbüchse. Wagner hatte gemeint, man müsse durch möglichst lange Heiz- und Rauchrohre die Wärmeenergie der Rauchgase bestmöglich ausnutzen. Diesen Standpunkt vertrat er auch dann noch, als unter dem Einfluss ausländischer Konstrukteure die Erkenntnis reifte, dass es günstiger sei, durch den Einbau von Verbrennungskammern (eine Verlängerung des oberen Teils der Feuerbüchse in den Langkessel hinein) die hochwertige Strahlungsheizfläche zu vergrößern. Düring würdigte durchaus die betriebliche Bewährung der meisten Einheitslokomotiven, insbesondere ihre in vielen Fällen optimal durchkonstruierten Standardbauteile. Nur hätten sie eben „entsprechend dem allgemeinen Stand der Technik jener Jahre" (gemeint ist die Ära von 1925 bis 1940) „spezifisch leistungsfähiger und ganz allgemein besser sein müssen, als sie waren".

Gewissermaßen zur Muttertype aller Einheitslokomotiven avancierte die zweizylindrige 01. Zwar erschien annähernd zeitgleich die 02 mit Vierzylinder-Verbundtriebwerk, aber – um nochmals Düring zu zitieren – „die Konstruktion der 02 trug den Todeskeim schon von vornherein in sich". Diese Ansicht Dürings wurde und wird bis heute von vielen Fachleuten geteilt.

Vorrang im Typenprogramm von 1925 genossen zusammen mit den 1'E-Güterzugloks der Baureihen 43 (zweizylindrig) und 44 (dreizylindrig) die beiden 2'C1'-Varianten der Baureihen 01 und 02 für den schweren Schnellzugdienst, denn baldmöglichst sollten die stark belasteten Hauptstrecken für 20 t Achslast und damit für den Einsatz stärkerer Lokomotiven als bisher üblich ausgebaut werden. Das Leistungsprogramm sah für beide Spielarten der zu schaffenden Schnellzugmaschine in der Ebene die Beförderung von 800-t-Zügen mit 110 km/h und auf einer Steigung von 10 Promille noch Zuggewichte von 500 t bei 50 km/h vor. Die bauartmäßig zugelassene Höchstgeschwindigkeit sollte 120 km/h betragen.

Allerdings unterschied sich der Bestand an Schnellzugloks bei den ehemaligen Länderbahnen grundlegend: Während in Süddeutschland die Pazifik-Bauart mit der Achsfolge 2'C1' in Gestalt der bayerischen S 3/6, der badischen IV f und IV h oder der württembergischen C vorherrschte, waren Pazifiks in Sachsen nur

02 008 im Ablieferungszustand mit den ursprünglichen kleinen Windleitblechen. Sie war stets in Hof beheimatet. ***Foto: W. Hubert/Slg. Gerhard***

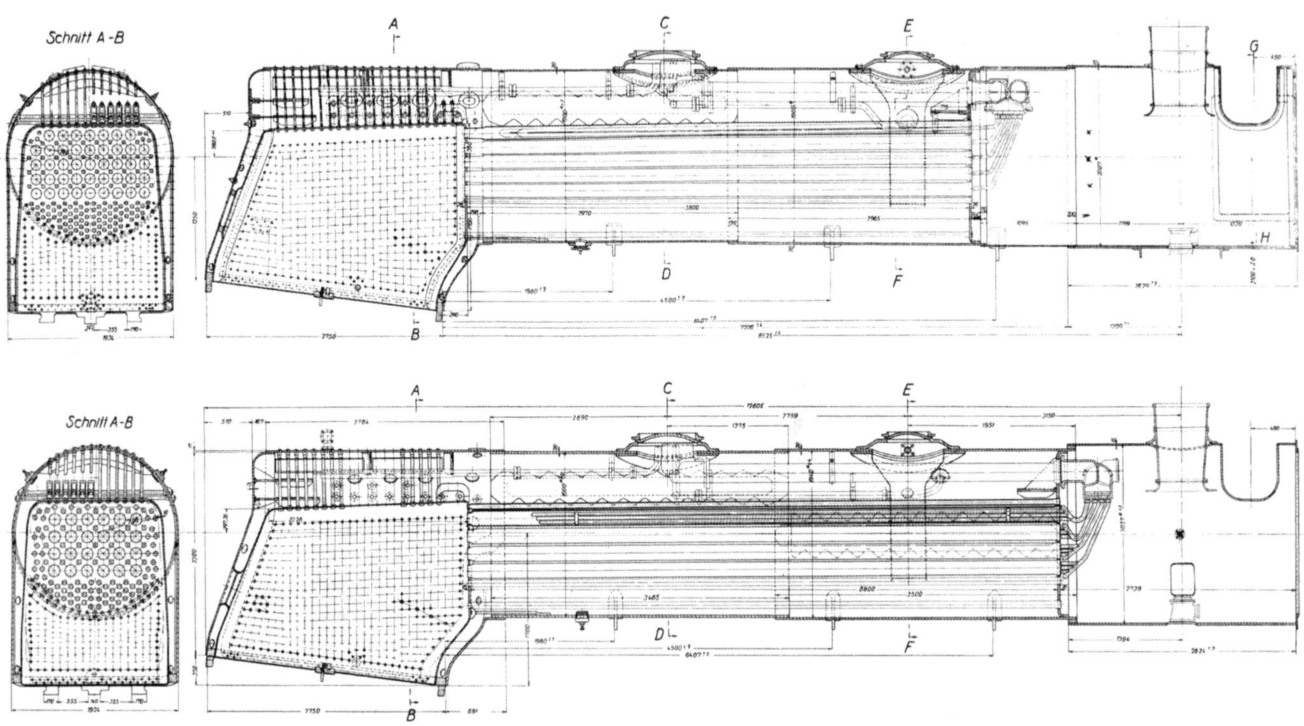

Kessel für die Baureihen 01 und 02 mit 5,8 m Rohrlänge (oben) und 6,8 m (erstmals probeweise eingebaut in die 02 010). ***Abb.: Slg. Koschinski***
RECHTS: Lokführerseite der 02 006 mit großen Windleitblechen, aufgenommen 1936 im Bw Leipzig Hbf Nord. ***Foto: W. Hubert/Slg. Knipping***

in wenigen Exemplaren und in Preußen überhaupt nicht präsent. In Preußen wurde der Schnellzugverkehr bisher meist mit 2'C-Lokomotiven (also Maschinen mit zwei Vorlaufachsen und drei angetriebenen Achsen unter Verzicht auf eine Schleppachse) bestritten, die in verschiedenen Spielarten der S 10 sowie mit der P 8 in großer Zahl zur Verfügung standen.

Die zur Länderbahnzeit gebauten und noch von den Reichseisenbahnen bzw. der Deutschen Reichsbahn-Gesellschaft (DRG) übernommenen 2'C1'-Lokomotiven besaßen mit Ausnahme der dreizylindrigen sächsischen XVIII H schon Vierzylinder-Verbundtriebwerke, ebenso die 2'C-Maschinen der preußischen Gattung S 10^1.

Bemerkenswerterweise sollten im ersten vorläufigen Umzeichnungsplan von 1922 die S 10^1 noch als 01 eingereiht werden, im Übrigen erwog der Engere Lokomotivausschuß anfangs als künftige Standardtypen für den Schnellzugdienst den Weiterbau der preußischen S 10^1 (später eingereiht als 17^{10}) und in einer überarbeiteten Variante auch die Weiterbeschaffung der sächsischen 1'D1'-Gattung XX HV (der späteren 19^0, ebenfalls mit Vierzylinder-Verbundtriebwerk). Mit dem ersten Typisierungsplan

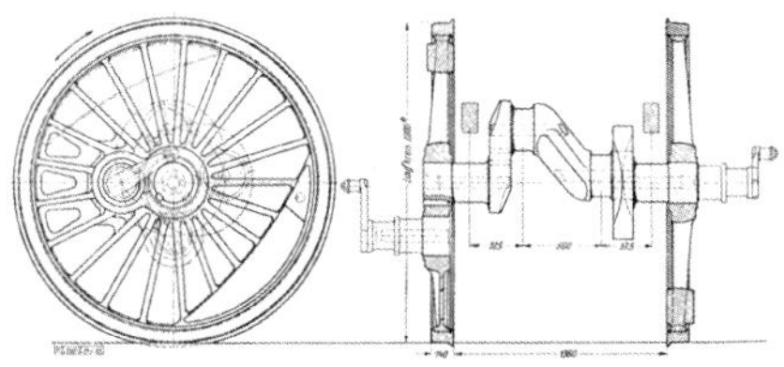

Die zweite Kuppelachse der Baureihe 02 war als Kropfachse ausgebildet.
RECHTS: Querschnitt und Stirnansicht der Baureihe 02. ***Zeichnungen: Slg. Koschinski***

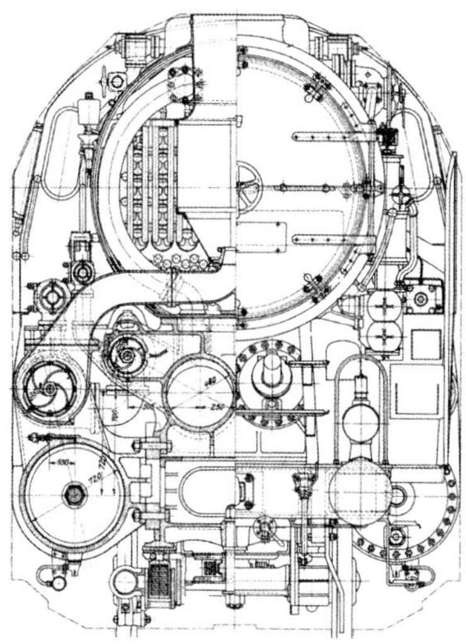

von 1923 entschieden sich die Fachleute der Industrie und des Eisenbahn-Zentralamtes in Berlin (maßgeblich Borsig-Chefkonstrukteur August Meister und Lokbaudezernent Richard Paul Wagner) für die 2'C1' als künftige Schnellzuglok-Bauart. Sie sollte als Vierzylinder-Verbundmaschine durchgebildet werden. Alternativ wurde auf Weisung des Reichsverkehrsministeriums die Ausführung als Zwillingslok mit einfacher Dampfdehnung vorgesehen.

Unter Wagners Einfluss kehrten sich die Prioritäten rasch um, und die Zweizylinder-Variante erlangte als 01 den Vorrang. Hätten die süddeutschen und sächsischen Vertreter im Lokomotivausschuß nicht vehement für die Vierzylinder-Version plädiert, wäre es wohl gar nicht mehr zu deren Realisierung als Baureihe 02 gekommen. Mit dem parallelen Bau von je zehn Exemplaren ansonsten identischer Lokomotiven wollte man immerhin noch die Möglichkeit schaffen, die einstufige Dampfdehnung und die Verbundwirkung bei Heißdampfloks hinsichtlich Wirtschaftlichkeit und Leistungsfähigkeit direkt miteinander zu vergleichen.

Für die Vierzylinder-Verbundausführung lagen paradoxerweise zunächst nur Entwürfe der preußischen Hersteller Borsig (für Zweiachsantrieb) und Henschel (für Einachsantrieb) vor, von beiden Firmen stammten auch die Entwürfe für die Zwillings-Variante. Die Münchner Lokomotivfabrik J. A. Maffei (die wegen finanzieller Schwierigkeiten bald mit Krauss fusionieren musste) hinkte mit ihrem an die bayerische S 3/6 angelehnten Projekt für die Verbundbauart hinterher. Ob der Maffei'sche Entwurf für die spätere 02 bei rechtzeitiger Vorlage größere Chancen auf Verwirklichung gehabt hätte, sei dahingestellt – jedenfalls fiel im Eisenbahn-Zentralamt letzten Endes die Entscheidung zugunsten des Henschel-Vorschlags „unter Übernahme von Einzelheiten des Borsig'schen Entwurfs" (so des Zweiachsantriebs). Der Firma Maffei überließ man den Bau von zwei Maschinen, sie musste sich aber ausdrücklich an die EZA-Vorgaben halten.

In Regie des Vereinheitlichungsbüros der in der Deutschen Lokomotivbau-Vereinigung (DLV) zusammengeschlossenen Firmen nahmen die Baureihen 01 und 02 ihre endgültige Gestalt an. 1925/26 lieferten Henschel in Kassel die 02 001 bis 008 sowie Maffei in München die 02 009 und 010 an die DRG ab, im Jahr 1926 verließen die 01 001 bis 008 die Werkhallen von Borsig in Berlin-Tegel sowie die 01 009 und

02 007 (Bw Hamm) verlässt 1925 Köln Hbf mit D 7 nach Berlin. *Foto: C. Bellingrodt/Slg. Dr. Hufnagel*

02 002 und 19 001 mit P 850 (Hof–München) bei Windischeschenbach (1934). *Foto: C. Bellingrodt/Slg. EJ*

010 die AEG-Lokomotivfabrik in Hennigsdorf. Leider liegen von der Baureihe 02 keine genauen Anlieferungsdaten mehr vor, da die Betriebsbücher beim späteren Umbau zu 01ern neu angelegt wurden. Jedenfalls rollte die von Henschel unter der Fabriknummer 20 460 gebaute 02 001 noch im Oktober 1925 zur Münchner Verkehrsausstellung, wo sie für lebhafte Debatten über das Für und Wider von einstufiger Dampfdehnung und Verbundwirkung sorgte. In den meisten Quellen wird daher die 02 001 als erste fertiggestellte Einheitslok überhaupt bezeichnet. Gelegentlich schreibt man diese Premierenrolle aber nicht ihr, sondern der 02 003 zu, ohne dass dies durch amtliche Unterlagen belegt ist. Vollständig dokumentiert sind hingegen die Anlieferungs- und Abnahmedaten der Baureihe 01. So lieferte Borsig die unter der Fabriknummer 11 993 gefertigte 01 001 nach bereits im Oktober 1925 durchgeführter Dampfdruckprobe des Kessels am 17. Januar 1926 an die DRG ab. Anschließend gelangte die erste 01 zur Lokomotiv-Versuchsabteilung bzw. dem späteren Lokomotiv-Versuchsamt (LVA) beim Reichsbahn-Ausbesserungswerk (RAW) Grunewald, am 29. Januar 1926 erhielt ihr Betriebsbuch den Abnahmestempel. Einen herausragenden Platz in der Borsig-Firmengeschichte nimmt

Wuppertal-Elberfeld: 02 005 mit D 94 aus Hamburg (um 1926). *Foto: C. Bellingrodt/Slg. Knipping*

Baumusterloks 01 und 02 im Vergleich

Betriebsnummern	01 001–010	02 001–010
Baujahre	1925/26	1925
Gattung	S 36.20	S 36.20
Bauart	2'C1' h2	2'C1' h4v
Höchstgeschwindigkeit vorw./rückw.	120/50 km/h	120/50 km/h
indizierte Leistung	2240 PS_i	2300 PS_i
Zylinderdurchmesser	650 mm	460/720 mm
Kolbenhub	660 mm	660 mm
Treib- und Kuppelraddurchmesser	2000 mm	2000 mm
Laufraddurchmesser vorn	850 mm	850 mm
Laufraddurchmesser hinten	1250 mm	1250 mm
Kesselüberdruck	16 bar	16 bar
Rostfläche	4,41 m^2	4,41 m^2
Verdampfungsheizfläche [1]	237,56 m^2	237,56 m^2
Überhitzerheizfläche [1]	100,00 m^2	100,00 m^2
Gesamtachsstand mit Tender [2]	20 320 mm	20 320 mm
Länge über Puffer mit Tender [2]	23 750 mm	23 750 mm
maximale Achslast	20,2 t	20,2 t
Lokreibungslast	59,2 t	60,3 t
Gesamtgewicht		
Lok und Tender mit vollen Vorräten [2]	184,4 t	189,0 t
Dienstgewicht		
Lok und Tender mit ⅔-Vorräten [2]	170,4 t	175,0 t

Anmerkungen

1) mit Kessel von 5,8 m Rohrlänge;
bei 02 010 mit 6,8-m-Kessel: Verdampfungsheizfläche 247,25 m^2 und Überhitzerheizfläche 85,00 m^2

2) mit Tender 2'2' T 32 Bauart 1925;
mit ursprünglichem Tender 2'2 T 30: Achsstand 19 255 mm und Länge über Puffer 23 050 mm

auch die mit der runden Fabriknummer 12 000 versehene 01 008 ein, ihre Abnahme erfolgte am 28. Januar 1926, also noch einen Tag vor jener der 01 001.

Im Jahr 1926 führte die Versuchsabteilung Grunewald mit der 01 001 und der ebenfalls nach Berlin beorderten 02 002 ausgiebige Leistungsprüfungen und Vergleichsmessungen durch. Dabei zeigte sich nach Darstellung von Reichsbahnoberrat Prof. Hans Nordmann bei einer Zughakenleistung von bis zu 1025 PS_e die wirtschaftliche Überlegenheit der Zwillingslokomotive, erst bei höheren Leistungen schnitt die Verbundlok etwas besser ab. Im Einsatz vor schweren 600-t-Schnellzügen erwies sich die 01 bei Geschwindigkeiten unter 90 km/h im Dampf- wie im Kohleverbrauch als die sparsamere Variante. Dies bescheinigten ihr auch die Bahnbetriebswerke Erfurt P, Hamm und Hof, wo jeweils drei 01 und 02 im Plandienst erprobt wurden.

Experten führten die Nachteile der 02 auf eine Fehlkonstruktion der Dampfmaschine zurück. Insbesondere bemängelten sie die für die großen Zylinder

km/std		40	50	60	70	75	80	85	90	95	100	105	110	120
Steigung		Wagengewicht in t *) **)												
0	1 : ∞	—	—	—	—	—	—	—	970	803	663	577	430	—
1 ‰	1 : 1000	—	—	—	—	—	—	900	766	638	528	433	342	—
2 ‰	1 : 500	—	—	—	—	992	855	733	623	520	432	352	278	—
3 ‰	1 : 333	—	—	—	940	823	725	609	518	432	358	292	227	—
4 ‰	1 : 250	—	—	—	797	695	600	516	438	364	301	243	187	—
5 ‰	1 : 200	—	—	875	683	596	516	442	375	310	254	204	154	—
6 ‰	1 : 166	—	945	761	593	518	446	383	324	266	208	171	126	—
7 ‰	1 : 140	895	830	670	523	455	393	334	281	229	184	146	104	—
8 ‰	1 : 125	790	738	576	462	400	345	293	245	198	158	121	—	—
10 ‰	1 : 100	637	597	478	368	318	272	228	188	148	114	—	—	—
14 ‰	1 : 70	443	413	328	246	209	174	142	111	—	—	—	—	—
20 ‰	1 : 50	279	261	198	139	112	—	—	—	—	—	—	—	—
25 ‰	1 : 40	198	183	133	—	—	—	—	—	—	—	—	—	—

S 36. 20. Einheitslokomotive 01

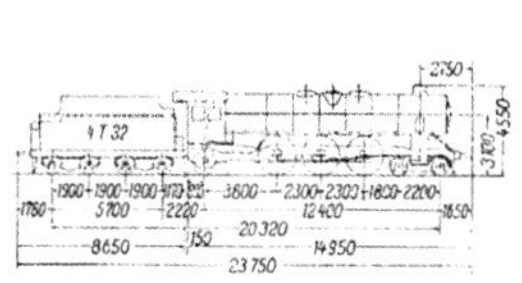

Betriebsnummer 01 001 – 01 010

S 36. 20. Einheitslokomotive 01

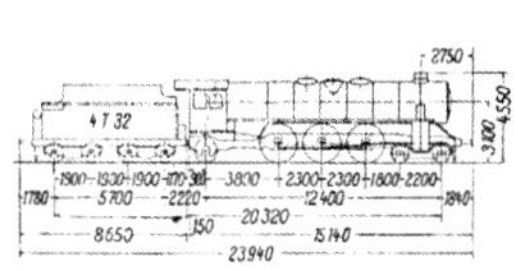

Betriebsnummer ab 01 012
Leistungstafel gilt für Kessel mit 6,8 m Rohrlänge

km/std		40	50	60	70	75	80	85	90	95	100	105	110	120
Steigung		Wagengewicht in t *) ***)												
0	1 : ∞													
1 ‰	1 : 1000													
2 ‰	1 : 500													
3 ‰	1 : 333													
4 ‰	1 : 250													
5 ‰	1 : 200	Die Tafel wird nach Abschluß der Versuchsfahrten aufgestellt.												
6 ‰	1 : 166													
7 ‰	1 : 140													
8 ‰	1 : 125													
10 ‰	1 : 100													
14 ‰	1 : 70													
20 ‰	1 : 50													
25 ‰	1 : 40													

**) Die Wagengewichte gelten für Lokomotiven mit Kesseln von 5,8m Rohrlänge.
***) Die Wagengewichte gelten für Lokomotiven mit Kesseln von 6,8 m Rohrlänge (ab Betriebsnummer 01 076), sonst gilt die obere Tafel.

km/std		40	50	60	70	75	80	85	90	95	100	105	110	120
Steigung		Wagengewicht in t *)												
0	1 : ∞	—	—	—	—	—	—	—	1045	865	727	600	490	—
1 ‰	1 : 1000	—	—	—	—	—	—	973	824	689	583	477	394	—
2 ‰	1 : 500	—	—	—	—	—	922	790	676	564	478	389	322	—
3 ‰	1 : 333	—	—	—	—	892	770	662	563	473	399	323	267	—
4 ‰	1 : 250	—	—	—	863	755	650	560	478	400	338	272	223	—
5 ‰	1 : 200	—	—	964	742	651	563	483	412	342	288	230	187	—
6 ‰	1 : 166	—	922	833	647	568	488	419	357	295	247	196	156	—
7 ‰	1 : 140	871	809	735	570	498	429	367	312	256	212	167	131	—
8 ‰	1 : 125	772	718	658	507	443	379	323	273	223	183	141	118	—
10 ‰	1 : 100	620	581	528	407	353	302	254	213	171	137	106	—	–
14 ‰	1 : 70	431	403	366	276	236	197	162	130	—	—	—	—	–
20 ‰	1 : 50	271	252	227	163	134	106	—	—	—	—	—	—	—
25 ‰	1 : 40	191	176	157	105	—	—	—	—	—	—	—	—	—

S 36. 20. Einheitslokomotive 02

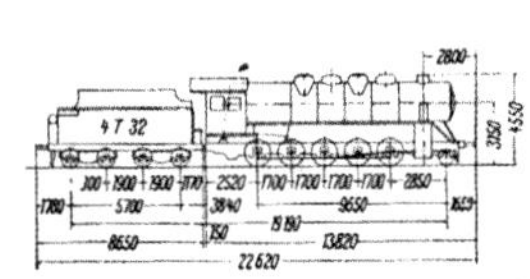

S 36. 20. Einheitslokomotive 02

Mit Kessel von 6,8 m Rohrlänge

km/std		40	50	60	70	75	80	85	90	95	100	105	110	120
Steigung		Wagengewicht in t *)												
0	1 : ∞	—	—	—	—	—	—	—	—	900	750	623	510	—
1 ‰	1 : 1000	—	—	—	—	—	—	—	852	717	601	501	412	—
2 ‰	1 : 500	—	—	—	—	—	963	817	700	595	493	413	347	—
3 ‰	1 : 333	—	—	—	—	918	803	682	589	493	425	344	280	—
4 ‰	1 : 250	—	—	—	898	780	685	582	493	418	350	289	235	—
5 ‰	1 : 200	—	—	960	768	680	590	500	424	358	298	246	197	—
6 ‰	1 : 166	992	913	834	672	583	511	432	368	309	256	209	165	—
7 ‰	1 : 140	871	803	739	595	513	449	379	322	269	221	179	139	—
8 ‰	1 : 125	768	711	653	526	457	399	335	283	235	191	153	117	—
10 ‰	1 : 100	621	573	529	423	365	315	264	220	180	143	111	—	—
14 ‰	1 : 70	428	395	365	287	245	209	168	136	105	—	—	—	—
20 ‰	1 : 50	268	247	226	171	139	115	—	—	—	—	—	—	—
25 ‰	1 : 40	188	171	155	111	—	—	—	—	—	—	—	—	—

Schlepplastentafeln aus dem Merkbuch 1924 für die Baureihen 01 (links) und 02 (rechts unten für 02 010 mit 6,8-m-Kessel). ***Abb.: Slg. Koschinski***

02 006 vom Bw Hamm mit dem D 4 (Berlin–Köln) im Bild festgehalten 1926 in Wuppertal-Elberfeld. ***Foto: C. Bellingrodt/Slg. Knipping***

(Niederdruckzylinder mit 720 mm und Hochdruckzylinder mit 460 mm Durchmesser) zu kleinen Schieberdurchmesser; von Maffei-Konstrukteuren bereits in der Projektierungsphase erhobene Einwände gegen den von R. P. Wagner favorisierten Entwurf hatten jedoch nichts genützt. Angelehnt an bewährte preußische Schnellzugloks – so die sehr gut gelungene, aber viel kleinere S 10^{1} – übernahm man für die Hochdruckschieber den Durchmesser von 220 mm. Für die Niederdruckschieber wählte man einen Durchmesser von 350 mm, der sich jedoch auch noch als zu gering herausstellte, was zu einem ungenügenden Ausströmen des Dampfes und deshalb zu hohem Gegendruck führte – salopp gesagt: quasi wie eine Gegendruckbremse wirkte. Theodor Düring wies in seinem Buch „Die deutschen Schnellzuglokomotiven der Einheitsbauart“ (Franckh-Verlag 1979) darauf hin, dass der Durchmesser von 350 mm vielleicht für so genannte Kammerschieber mit doppelter Ein- und Ausströmung gereicht hätte. Solche besaß die bayerische S 3/6, bei der 02 verzichtete man darauf. Freilich ergab sich auch bei der S 3/6 trotz doppelter Ausströmung ihrer Niederdruckschieber laut Versuchsberichten ein bei großer Anstrengung übermäßig steigender Gegendruck.

Keine Chance für die 02

Zur von der Firma Maffei vorgeschlagenen Umkonstruktion der Verbunddampfmaschine kam es nicht. Schon die noch recht unsystematisch durchgeführten Versuche, bei denen es insbesondere noch keine exakten Beharrungsmessfahrten unter Verwendung von Bremslokomotiven gab, genügten dem Reichsbahn-Zentralamt, um sich für den alleinigen Weiterbau der 01 zu entscheiden. Zwar fanden dann 1927 mit der 02 010 auch Beharrungsmessfahrten statt, aber bei der neuerlichen Versuchsreihe ging es primär um etwas anderes: Jetzt sollte der Kesselwirkungsgrad des für die 02 001 bis 009 und für die bisher gelieferten 01 verwendeten Kessels von 5,8 Metern Rohrlänge mit dem des probeweise in die 02 010 eingebauten „Wagner'schen Langrohrkessels“ von 6,8 Metern Rohrlänge verglichen werden. Hierbei zeigte sich die Überlegenheit des Kessels mit den längeren Rohren, denn er erzeugte mehr Dampf, wobei sein Wirkungsgrad bei Kesselvolllast – d.h. bei einer spezifischen Heizflächenbelastung von 57 kg Dampf je Quadratmeter und Stunde – um rund 12 Prozent höher lag als der des bisherigen „Normalkessels“. Dieses

02 010 in Regensburg, aufgenommen im Jahr 1932. ***Foto: J. B. Kronawitter/Slg. Wunschel***

Messergebnis bewog die DRG-Verantwortlichen, ab der 01 077 (Baujahr 1930) nur noch 01-Lokomotiven mit dem Langrohrkessel zu beschaffen; dessen erst nach längerer Betriebszeit offenkundige Nachteile (größere Schadanfälligkeit) konnte man damals nicht voraussehen.

Anfang der 1930er Jahre führte das LVA Grunewald erneut Vergleichsuntersuchungen zwischen beiden Pazifik-Bauarten durch. Nunmehr wurden die bei Beharrungsmessfahrten mit der frisch hauptuntersuchten 02 001 erzielten Ergebnisse mit den Werten der 01 018 und der 01 093 (Letztere mit 6,8 m Rohrlänge und mit von 650 auf 600 mm reduziertem Zylinderdurchmesser) verglichen. Dabei blieb die Zughakenleistung der 02 ab 78 km/h hinter der der 01 093 und ab 87 km/h auch hinter jener der 01 018 zurück. Obendrein fiel die 02 001 insbesondere gegenüber der modifizierten 01 093 jetzt sogar im höheren Geschwindigkeitsbereich durch schlechtere Verbrauchswerte auf. Erst bei sehr hohen Leistungen ließ sich (eher praxisfern) noch eine wirtschaftliche Überlegenheit der Verbundlokomotive nachweisen – kein Wunder, war sie doch triebwerks- und kesselseitig völlig unverändert belassen.

Interessant ist noch ein Blick auf die anhand von Versuchsfahrten aufgestellten Leistungstafeln: Im 1929 erschienenen Nachtrag zum Merkbuch für die Dampflokomotiven der Reichsbahn von 1924 ist das maximale Wagengewicht in der Ebene bei 110 km/h für die bisher ausgeführten 01-Loks mit 430 t angegeben, jenes für die 02 mit Kessel von 5,8 m Rohrlänge mit 490 t und das für die 02 mit dem 6,8-m-Langrohrkessel mit 510 t. Gegenüber dem ursprünglichen Leistungsprogramm von 800 t bei 110 km/h steckte man also erheblich zurück, denn die dafür veranschlagte effektive Leistung am Zughaken von mindestens 1800 PS_e bzw. die indizierte Zylinderleistung von über 2300 PS_i brachten bei dieser Geschwindigkeit weder die 01 noch die 02 dauerhaft auf. Im Versuchsbetrieb wurde für die 01 mit dem kürzeren Kessel eine Zylinderleistung von 2240 PS_i sowie später für die 01 mit Langrohrkessel eine solche von 2280 PS_i ermittelt, wobei die Zughakenleistung jenseits von 60 km/h schon wieder abfiel. Die indizierte Leistung der Baureihe 02 ist ohne nähere Angaben zu diesbezüglichen Messfahrten mit 2300 PS_i überliefert. Nach Leistungsuntersuchungen der 01 140 ging man für die 01-Serien mit dem Langrohrkessel aber auf Zuglasten von 650 t bei 110 km/h in der Ebene herauf und ließ diesen Wert laut den Merkbüchern der DR von 1938 und der DB von 1953 (DV 939 a) auch für die älteren 01-Maschinen gelten. Bei 120 km/h in der Ebene betrug die Grenzlast nun 500 t und bei 50 km/h auf einer Steigung von 10 Promille wurde sie mit 580 t angegeben. Freilich lagen diesen Leistungstafeln die günstigeren Laufwiderstandswerte neuerer Schnellzugwagen zugrunde.

Konstruktive Merkmale der 02

Hier sei nur ganz knapp auf die Konstruktion der Vierzylinder-Verbundvariante eingegangen, da sie mit Ausnahme des Triebwerks im Wesentlichen der noch ausführlicher zu beschreibenden 01 entsprach.

Der genietete Kessel mit einer Rohrlänge von 5800 mm und Kupferfeuerbüchse war bei 02 001 bis 009 baugleich mit dem der 01 aus den Lieferserien bis 01 076, besaß wegen der Innenzylinder der 02 jedoch einen abgeflachten Rauchkammerboden. Die 02 010 erhielt den von R. P. Wagner entworfenen Kessel mit 6800 mm Rohrlänge, entsprechend verkürzter Rauchkammer und mit geänderter Rohrteilung (später serienmäßig eingebaut in die 01 ab 01 077). Den ursprünglich auf 14 bar begrenzten Kesseldruck setzte man kurz nach Indienststellung auf 16 bar herauf.

Der 100 mm starke Barrenrahmen wies mit 1150 mm Wangenabstand eine etwas größere lichte Weite auf als die 01 (dort 1000 mm), ansonsten war er wie auch das Laufwerk nahezu analog zur Baureihe 01 ausgeführt. Grundlegend anders hingegen das Triebwerk: Es besaß zwei innenliegende, geneigte Hochdruckzylinder mit 460 mm Durchmesser und zwei außenliegende Niederdruckzylinder mit 720 mm Durchmesser, die zusammen mit ihren Schieberkästen ein Gussstück bildeten. Der Kolbenhub betrug jeweils 660 mm. Hoch- und Niederdruckzylinder trieben die zweite, als Kropfachse ausgebildete Kuppelachse an (daher Einachsantrieb). Mittels Heusinger-Steuerung wurden die innere Einströmung für die Hochdruckzylinder und die äußere Einströmung der Niederdruckzylinder gesteuert. Als Leerlaufeinrichtung dienten an den Schieberkästen montierte Eckventil-Druckausgleicher, von denen die der beiden Hochdruckzylinder zugleich als „Anfahrventile" fungierten. Bei mäßigem Öffnen des Reglers konnte durch die HD-Druckausgleicher dem Verbinder und damit den Niederdruckzylindern direkt

02 007 in Leipzig Hbf (Juni 1932). *Foto: RBD Halle/Slg. Dr. Rampp*

Die 02 006 passiert 1936 mit dem D 121 Hof–Breslau in der Nähe von Reichenbach (Vogtl.) die Blockstelle Linde. ***Foto: C. Bellingrodt/Slg. Knipping***

Frischdampf zugeführt werden, um auch bei ungünstiger Stellung der Hochdruckkolben sicheres Anfahren zu ermöglichen. Die Einkammerdruckluftbremse der Bauart Knorr mit Zusatzbremse wirkte einseitig von vorn auf alle Räder der Kuppelachsen.

Ebenso wie die zehn Baumuster-01 wurden die Lokomotiven der Baureihe 02 mit Windleitblechen geliefert, die nach oben knapp bis zur Unterkante des Vorwärmers und nach hinten nur bis zum Zylinderende reichten. Diese ersetzte man später durch die größeren, als „Wagner-Bleche" bekannt gewordenen Windleitbleche. Im Anlieferungszustand waren die 02 mit dem kurzen Tender der Einheitsbauart 2'2 T 30 gekuppelt, um auf 20-m-Drehscheiben wenden zu können. Später erhielten sie den Tender 2'2' T 32.

Bald in Hof konzentriert

Fabrikneu erschienen die Vierzylinder-Verbundlokomotiven bei den Bw Erfurt P (02 001, 003, 004), Hamm (02 005 bis 007) und Hof (02 008 bis 010). Diese setzten sie gemeinsam mit je drei der ersten 01 zur Praxiserprobung vor Schnellzügen ein. So verzeichnete der Dienstplan in Hamm 1927 u.a. den Langlauf Aachen – Köln – Hannover (402 km). Die Erfurter 02 dampften zwischen Frankfurt (Main) und Leipzig, auch der Langlauf Frankfurt (M) – Halle – Berlin (539 km) ist überliefert.

Die 02 002 kam nach Abschluss der Versuchsreihe bei der Versuchsabteilung Grunewald nach Erfurt P. Im Jahr 1929 wechselte sie nach Hof, wo fortan alle zehn Vertreterinnen der Baureihe 02 zusammengefasst waren (während man die 01 vorübergehend aus dem oberfränkischen Bahnbetriebswerk abzog). Hofer Lokschlosser und Lokmannschaften verfügten bereits über langjährige Erfahrungen mit Vierzylinder-Verbundtriebwerken, da man ihnen schon seit 1918 die S 3/6 anvertraut hatte. Der Einsatz der 02 konzentrierte sich auf die Relation Regensburg – Hof – Leipzig bzw. Dresden. Auf den steigungsreichen Strecken in Franken und Sachsen bewährten sich die Maschinen durchaus gut, für die Reichsbahn stellten sie aber eine unwirtschaftliche Splittergattung dar.

Der vergleichsweise hohe Unterhaltungsaufwand gab den Ausschlag zum 1937 im RAW Meiningen eingeleiteten Umbau in Zwillingslokomotiven. Am 11. September 1937 wurde die aus der 02 001 entstandene 01 011 abgenommen. (Diese Betriebsnummer war ursprünglich für die später als H 02 1001 realisierte Hochdrucklok der Bauart Schwartzkopff-Löffler reserviert.) 1938 folgten 01 233, 234 und 235 (ex 02 005, 003 und 010), im Jahr 1939 schlossen sich 01 236 und 237 (ex 02 007 und 002) an. Hinzu kamen 1940 die 01 238 (ex 02 009) und 1941 die 01 239 (ex 01 006). Den Abschluss bildeten die im Herbst 1942 abgenommen 01 240 und 241 (ex 02 008 und 004).

Alle ehemaligen 02 blieben dem Bw Hof als 01 bis gegen Ende des Zweiten Weltkriegs erhalten. Mit Ausnahme der im April 1946 ausgemusterten 01 238 wurden sie von der Deutschen Bundesbahn übernommen und behielten bis zum Schluss Altbaukessel. Überwiegend waren die Loks in den 1950er Jahren weiterhin in der Saalestadt heimisch. Die aus der 02 003 hervorgegangene 01 234 blieb bis zur ihrer Ausmusterung im November 1972 fast ununterbrochen in Hof stationiert. ❑

01 009 steht zur Abliefe-rung bereit. ***Werkfoto AEG/Slg. Hufschläger***

MUTTERTYPE

DER EINHEITSLOKS

231 Zweizylinderloks der Baureihe 01 entstanden zwischen 1925 und 1938, die Bestellungen verteilten sich auf fünf Lieferserien. Im Laufe der langen Bauzeit wurde die Konstruktion mehrfach verbessert. Die Änderungen betrafen unter anderem die Zylinderabmessungen, Rohrlänge, Drehgestellräder, Bremsanlage und Windleitbleche

Zugegeben: Es ist etwas salopp, die 01 als „Muttertype" zu bezeichnen. Wie im vorigen Kapitel geschildert, sollte eigentlich die 02 mit Vierzylinder-Verbundtriebwerk die Ausgangstype für die Schnellzugdampflokomotiven der Einheitsbauart werden. Eine vergleichbare Rolle war übrigens der dreizylindrigen 44er für die Güterzugloks mit Schlepptender zugedacht. Aber die „Null-Eins" stellte nicht bloß die Reichsbahn-Schnellzuglok an sich dar, sondern wurde für viele zum Inbegriff der Einheitslokomotive überhaupt. Selbst beim ansonsten wenig an der Zuglok interessierten Reisenden hinterließ sie mit ihren riesigen Treibrädern, ihrem wuchtigen Kessel und

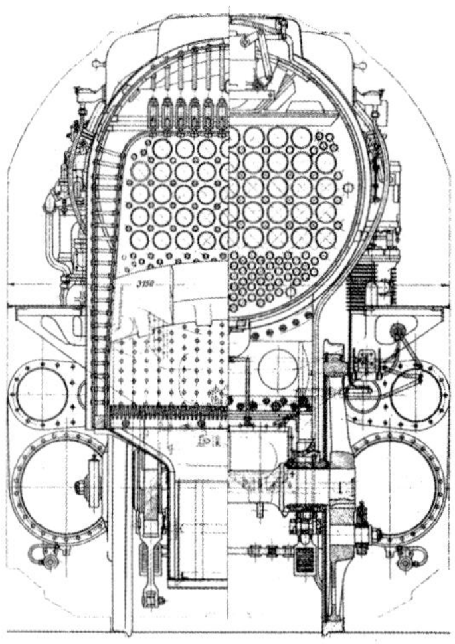

Querschnitt auf Höhe des Stehkessels (links) sowie des Langkessels.

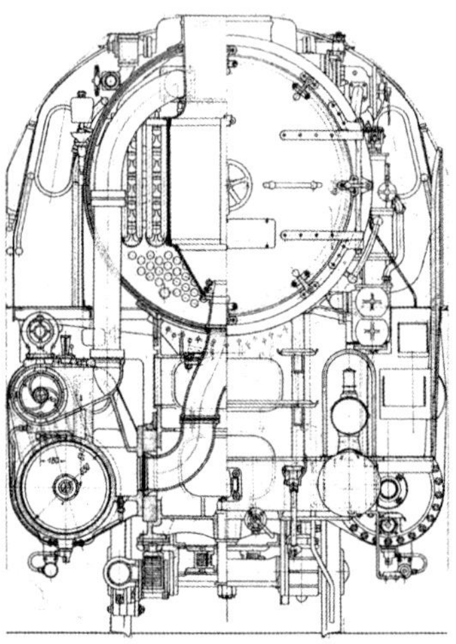

Stirnansicht und Querschnitt auf Höhe des Zylinderblocks (01 001 bis 076).

den großflächigen Windleitblechen einen nachhaltigen Eindruck. Zudem ließ allein schon die herausgehobene Baureihennummer auf die Bedeutung für eine völlig neue Lokomotivgeneration schließen, deren erste erfolgreiche (!) und richtungsweisende Type die 01 ja nun mal verkörperte.

Von 1925 bis 1938 entstanden bei sechs Herstellern 231 Zweizylinderloks der Baureihe 01, die sich auf fünf Lieferserien verteilten. Nachdem Borsig und die AEG 1925/26 die Baumusterserie 01 001 bis 010 gefertigt hatten, vergab die DRG an die Firmen Borsig, Henschel, Hohenzollern, AEG und Schwartzkopff die Baulose für die zweite Serie. Diese umfasste die 1927/28 gebauten 01 012 bis 076. Die nur 25 Loks der dritten Serie, 01 077 bis 101, wurden 1930/31 von Schwartzkopff und Krupp geliefert. Die vierte Serie der Baujahre 1934 bis 1936 umfasste die von Schwartzkopff, Krupp und Henschel stammenden 01 102 bis 190. Die fünfte und letzte Serie mit den Loks 01 191 bis 232 kam 1937/38 von den Firmen Henschel und Krupp.

Hinzu gesellten sich in den Jahren 1937 bis 1942 noch die zehn im RAW Meiningen in Zwillingslokomotiven umgebauten Maschinen der bisherigen Baureihe 02. Davon erhielt die ehemalige 02 001 im Jahr 1937 die zunächst für eine Hochdruck-Versuchslokomotive (120 bar) der Bauart Schwartzkopff-Löffler freigehaltene Betriebsnummer 01 011 (nachdem die Hochdrucklok 1930 als H 02 1001 erschienen, von der DRG jedoch nicht übernommen worden war). Die übrigen 02 reihte die Deutsche Reichsbahn nach dem Umbau als 01 233 bis 241 ein.

Es wäre wohl noch zu einer wesentlich größeren Stückzahl von 01ern gekommen, wenn die DRG ihre Hauptstrecken im beabsichtigten Umfang für 20 t Achslast ausgebaut hätte. Weil dies aber nicht geschah, beschaffte sie ab 1930 auch eine leichtere Variante der 01 in Gestalt der Baureihe 03. Im Bestreben, die Reisegeschwindigkeiten allgemein zu erhöhen, entschied die Reichsbahn-Hauptverwaltung schließlich 1937, für den Schnellzugdienst nur noch Stromlinienlokomotiven mit Drillingstriebwerken zu beschaffen. Zwar waren ausgewählte Loks der Baureihe 03 (!) für 140 km/h zugelassen, doch stieß das Zweizylindertriebwerk bei diesem Tempo lauftechnisch an seine Grenzen. Als dreizylindrige Weiterentwicklung der 01 erschien ab 1939 die Baureihe 01^{10}, deren Kessel, Rahmen und Laufwerk in den Hauptkenndaten weitgehend der Baureihe 01 (mit 6800 mm Rohrlänge und 1000-mm-Drehgestellrädern) entsprachen. Kriegsbedingt blieb es bei nur 55 bis 1940 gelieferten Exemplaren, und die zulässige Höchstgeschwindigkeit von 150 km/h konnten die Stromlinienloks planmäßig nicht mehr ausfahren. Ihre Blütezeit erlebten die 01^{10} erst „entstromt" bei der Deutschen Bundesbahn.

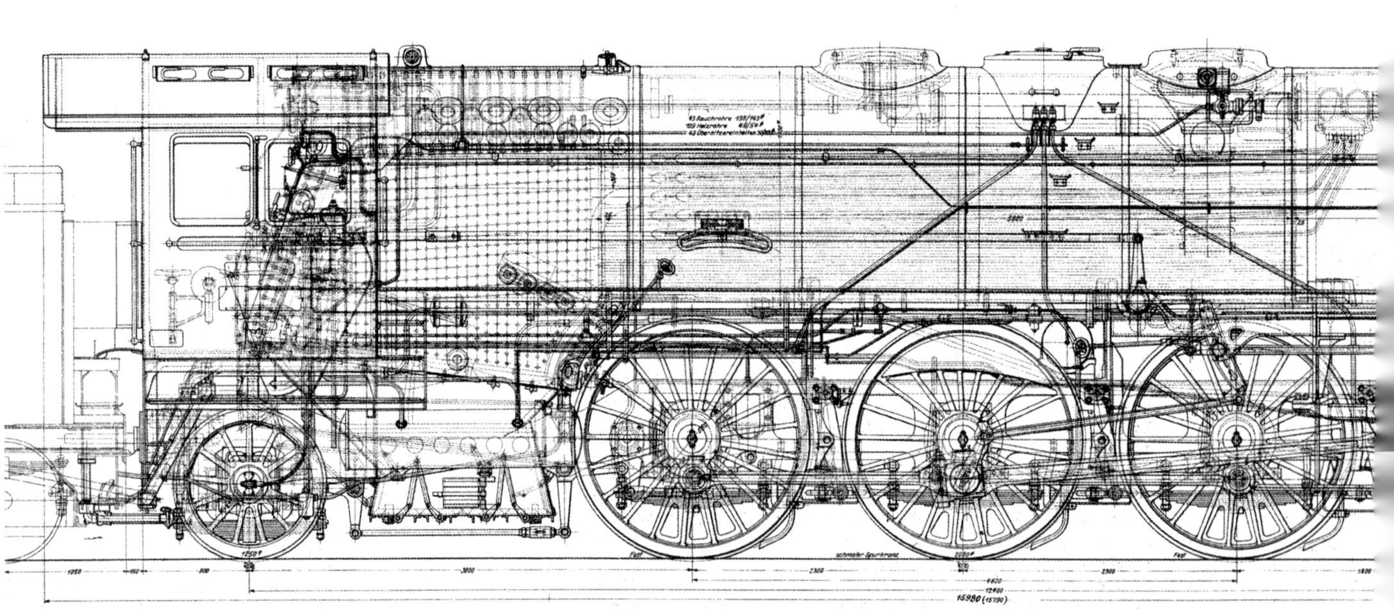

Zeichnung der 01 001 bis 076 mit einem Zylinderdurchmesser von 650 mm. Werte in Klammern gelten für 01 001 bis 010. *Zeichnungen: Slg. Garn (3)*

Führerstand der 01 009 oder 010: Das Führerhaus war für alle größeren Einheitsloktypen einheitlich gestaltet. ***Werkfoto AEG/Slg. Hufschläger***

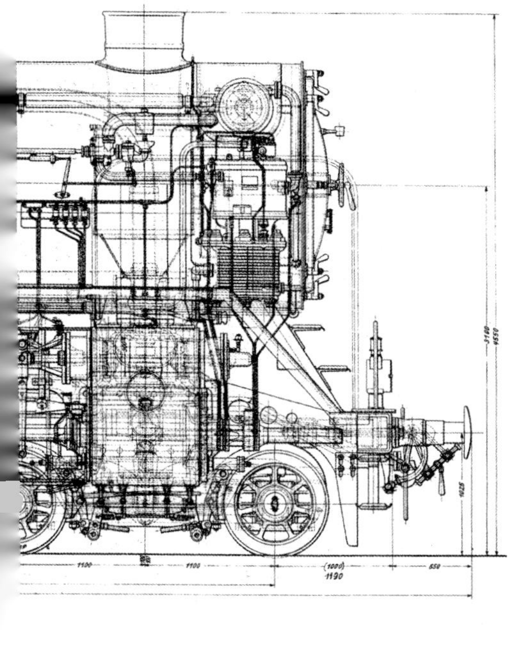

Nachfolgend geht es um die Technik der Zweizylinder-01. Im Laufe der langen Lieferzeit vorgenommene Bauartänderungen, die vor allem Zylinderabmessungen, Rohrlänge, Durchmesser der Drehgestellräder, Bremsanlage und Windleitbleche betrafen, sind dabei berücksichtigt. Später bei der DB und der DR in der DDR vorgenommene Umbauten bleiben hier noch außen vor.

Konstruktive Merkmale

Kessel

Die 01 001 bis 01 076 wurden mit Kesseln von 5800 mm Rohrlänge geliefert. Ab der Betriebsnummer 01 077 erhielten die Lokomotiven Kessel von 6800 mm Rohrlänge mit geänderter Rohrteilung. Die Einbaumaße waren bei beiden Kesseltypen gleich, was einen freizügigen (und von den Ausbesserungswerken auch praktizierten) Austausch zwischen älteren und neueren 01-Serien ermöglichte. Beim Kessel mit den längeren Rohren wurde die Rauchkammer von 3739 mm auf 2739 mm gekürzt. Die vordere Rohrwand befand sich also einen Meter weiter vorne, wodurch der Schwerpunkt zugunsten einer erwünschten Entlastung der Schleppachse vorverlegt wurde und sich das Reibungsgewicht erhöhte.

Der genietete, aus St-34-Stahl gefertigte Langkessel von 1900 mm Durchmesser bestand aus zwei Schüssen. Die Kesselmitte lag 3100 mm über Schienenoberkante (SO), die Schornsteinoberkante 4550 mm über SO. Der vordere Kesselschuss trug den Speisedom, der hintere den Sandkasten und den Reglerdom. Im Speisedom befand sich der Schlammabscheider, im hinteren Dom war der Nassdampfventilregler Bauart Schmidt & Wagner angeordnet. Zwei über der hinteren Rohrwand auf dem Langkesselscheitel angebrachte Hochhub-Sicherheitsventile der Bauart Ackermann sorgten dafür, dass der Kesseldruck nicht über den zulässigen Wert von maximal 16 bar (= 16 kg/cm^2) stieg. Bei 01 001 bis 010 hatte man den Kesseldruck anfangs auf 14 bar begrenzt.

Der an den Langkessel anschließende Stehkessel war im Mantelteil aus einem Stück gefertigt. Die nach hinten geneigte Feuerbüchse bestand bei 01 001 bis 010 und 01 012 bis 149 ebenso wie bei den 02 001 bis 010 (den späteren 01 011 und 01 233 bis 241) aus Kupfer, wobei man aber bereits stählerne Deckenstehbolzen verwendete. Ab der Betriebsnummer 01 150 kamen serienmäßig Feuerbüchsen aus dem von Krupp entwickelten Sonderstahl IZ II zum Einbau. Im unteren Teil waren Stehkessel und Feuerbüchse durch den Bodenring aus geschmiedetem Stahl starr miteinander verbunden, desgleichen im hinteren Teil durch den Feuerlochring. Der Absteifung der Seiten-, Rück- und Vorderwände dienten als Aufdornstehbolzen ausgeführte Seitenstehbolzen, die man bei den Stahlfeuerbüchsen in den Hauptbewegungszonen durch Gelenkstehbolzen ersetzte.

Der nach vorne im Verhältnis 1:7,86 geneigte Rost wies eine Fläche von 4,41 m^2 (bzw. von 4,32 m^2 in der Stahlfeuerbüchse) auf. Im zweiten der vier Rostfelder befand sich ein nach unten aufklappbarer Kipprost. Der zwischen der letzten Kuppelachse und der Schleppachse gelagerte Aschkasten besaß vier Bodenklappen sowie vordere und hintere Luftklappen, die sich jeweils mittels Hebelzügen vom Führerstand aus betätigen ließen.

Kessel für die von AEG gelieferten 01 009 und 010 mit einer Rohrlänge von 5,8 m.

Kenndaten der Baureihe 01

Ursprungsausführung bei DRG/DR

Betriebsnummern	**01 001–010**	**01 012–101**	**01 102–232**
Baujahre	1925/26	1927–1931	1934–38
Gattung	S 36.20		S 36.20
Bauart	2'C1' h2		2'C1' h2
Höchstgeschwindigkeit vorwärts/rückwärts	120/50 km/h		130/50 km/h
indizierte Leistung	2240 PS$_i$		2240 PS$_i$
Zylinderdurchmesser	650 mm [1]	600 mm [2]	600 mm
Kolbenhub	660 mm		660 mm
Treib- und Kuppelraddurchmesser	2000 mm		2000 mm
Laufraddurchmesser vorn	850 mm		1000 mm
Laufraddurchmesser hinten	1250 mm		1250 mm
Kesselüberdruck	16 bar		16 bar
Rostfläche	4,41 m^2		ab 01 150 [3]: 4,32 m^2
feuerberührte Heizfl. der Feuerbüchse	17,00 m^2		ab 01 150 [3]: 16,90 m^2
fb. Heizfl. der Rauch- und Heizrohre	220,56 m^2; ab 01 077 [4]: 230,25 m^2		230,25 m^2
fb. Verdampfungsheizfläche	237,56 m^2; ab 01 077 [4]: 247,25 m^2		ab 01 150 [5]: 247,15 m^2
Überhitzerheizfläche	100,00 m^2; ab 01 077 [4]: 85,00 m^2		85,00 m^2
Gesamtachsstand mit Tender [6]	20 320 mm		20 320 mm
Länge über Puffer mit Tender [6]	23 750 mm	23 940 mm	23 940 mm
maximale Achslast	20,2 t; ab 01 077: 19,9 t		19,9 t
Lokreibungslast	59,2 t; ab 01 077: 59,7 t		59,7 t
Gesamtgewicht			
Lok und Tender mit vollen Vorräten	184,4 t [7]		185,3 t [8]
Dienstgewicht			
Lok und Tender mit $^2/_3$-Vorräten	170,4 t [7]		170,6 t [8]
Kohlenvorrat der Tender	10 t		10 t
Wasservorrat der Tender	32 m^3 im 2'2' T 32 und 34 m^3 im 2'2' T 34		

Anmerkungen

Für die 01 011 sowie 01 233 bis 241 (ehemals 02) liegen keine Werte nach dem Umbau vor. Sofern noch mit 5,8-m-Kessel ausgerüstet, entsprechen ihre Hauptkenndaten aber den 01 001 bis 010.

1) Zylinderdurchmesser der Ursprungsausführung
2) Zylinderdurchmesser ab 01 077 bzw. nach Umbau der älteren Loks
3) Rostfläche und Feuerbüchsheizfläche ab 01 150 für Stahlfeuerbüchse angegeben
4) Werte bis 01 076 gültig für Kessel mit 5,8 m Rohrlänge, ab 01 077 für Kessel mit 6,8 m Rohrlänge
5) Verdampfungsheizfläche ab 01 150 für Loks mit Stahlfeuerbüchse und 6,8-m-Kessel angegeben
6) Werte gelten für Tender 2'2' T 32 und 2'2' T 34.
7) Werte gelten für Tender 2'2' T 32.
8) Werte gelten für Tender 2'2' T 34.

Der Eisenbahnfotograf Carl Bellingrodt vor dem Triebwerk der 01 032 im Bw Köln Bbf (August 1932). ***Foto: DLA Darmstadt/Eisenbahnstiftung***

Von der Feuerbüchse aus durchzogen bei den 5,8-m-Kesseln 43 Rauchrohre und 129 Heizrohre den Langkessel. Die 6,8-m-Kessel wiesen nur 24 Rauch- und 106 Heizrohre mit allerdings vergrößertem Durchmesser auf. Die sich aus der Feuerbüchs- respektive Strahlungsheizfläche und der Rohrheizfläche ergebende Verdampfungsheizfläche betrug beim kürzeren Kesseltyp rund 238 m^2, beim längeren rund 247 m^2. Dem Vorteil einer größeren „Kesselreserve" standen bei der längeren Bauart jedoch gravierende Nachteile gegenüber: Bei Wärmeausdehnung der Rohre gab es stärkere Längsverschiebungen, so dass die Rohrbündel zum Durchbiegen neigten. Außerdem wurde die für den größeren Kessel zu gering bemessene Feuerbüchse oft überbeansprucht, der Betrieb klagte über Rohrlaufen, Rissbildungen und Stehbolzenbrüche.

8. Dezember 1925: Übergabe der 01 008 an die Deutsche Reichsbahn. Es war die 12000. von Borsig gebaute Lokomotive. ***Foto: Slg. Dr. Rampp***
LINKS: Rahmen für die 01 009 oder 010 (ganz hinten in der Halle ein Akkumulatortriebwagen der DRG-Bauart). ***Werkfotos AEG/Slg. Hufschläger (2)***

Der Kessel wurde durch die in einer linksseitigen Rauchkammernische eingebaute Kolbenspeisepumpe gespeist, die das Wasser durch den mittig in einer Rauchkammer-Quernische eingelassenen Knorr-Oberflächenvorwärmer in den Speisedom förderte. An den 1930 gelieferten Lokomotiven 01 087, 088 und 089 ersetzte die DRG die Kolbenspeisepumpe und den Oberflächenvorwärmer versuchsweise durch den Friedmann-Abdampfinjektor. Serienmäßig kamen später anstelle der bisher verwendeten Kolbenspeisepumpen Bauart Nielebock-Knorr mit 350 l/min Förderleistung neue Kolbenspeisepumpen Bauart Knorr KT 1 mit Tolkien-Steuerung zum Einbau, deren Förderleistung nur noch 250 l/min betrug, um der Gefahr des Kaltspeisens bei zu schnellen Pumpenhüben zu begegnen. Als zweite Speiseeinrichtung diente die links im Führerhaus untergebrachte saugende Dampfstrahlpumpe (Injektor der Einheitsbauart), die das Wasser unmittelbar in den Speisedom förderte und deren Förderleistung schließlich ebenfalls von 350 l/min auf 250 l/min reduziert wurde.

Zur Grobausrüstung des Kessels (wenngleich außerhalb des eigentlichen Dampfraumes) gehört bei allen Heißdampflokomotiven ein Überhitzer. Sein Zweck ist es, den im Kessel erzeugten Nassdampf mit ihn umströmenden Rauchgasen auf Heißdampftemperatur zu bringen, bei der 01 bei 16 bar Dampfdruck und der Heizflächen-Nennbelastung von 57 kg pro Quadratmeter und Stunde auf bis zu ca. 390 Grad Celsius. Die Kessel mit 5,8 m Rohrlänge bekamen den üblichen Schmidt-Überhitzer mit pro Rauchrohr vier Überhitzerrohren, in zwei Rohrschlangen jeweils zu einer Einheit zusammengefasst. Die 6,8-m-Kessel erhielten den als Bauart Schmidt-Wagner (auch als Bauart Wagner oder RZM) bezeichneten Dreischleifenüberhitzer, bestehend aus pro Rauchrohr sechs Überhitzerrohren in drei Rohrschleifen. Prinzipiell bot diese Anordnung thermische Vorteile, sie wies aber Theodor Düring zufolge hier nicht zu erörternde konstruktive Mängel auf. Laut Düring (in seinem Standardwerk „Die deutschen Schnellzug-Dampflokomotiven der Einheitsbauart“, Franckh-Verlag 1979) wurden die Überhitzer der Bauart Schmidt-Wagner deshalb nach 1950 durch solche der bewährten Bauart Schmidt ersetzt. Jedoch gibt es laut dem ebenfalls hoch anerkannten Dampflok-Fachmann Horst Troche, zuletzt in der Bundesbahn-Hauptverwaltung (HVB) verantwortlicher Hauptabteilungsleiter für alle Werke der DB, für den Ersatz der „Wagner-Überhitzer“ in Schnellzuglokomotiven keinerlei amtlichen Beleg. Vielmehr gehe noch aus

Die fabrikneue 01 146 wurde 1935 auf der Reichsbahn-Ausstellung „100 Jahre Deutsche Eisenbahnen" in Nürnberg präsentiert. ***Foto: Slg. Knipping***

einer Verfügung des BZA Minden vom 30. April 1957 hervor, dass neben Loks der Baureihe 03 unter anderen auch die 01 mit 6,8-m-Kesseln nur Überhitzerelemente mit sechs Rohren pro Rauchrohr besaßen (vgl. Troches Buch „Die Baureihe 03", EK-Verlag 2006).

Zur Feinausrüstung des Kessels zählten die auf der rechten Kesselseite angebrachte Zweiton-Dampfpfeife (mit Zwischenventil für Halbton- und Volltonpfiffe), zwei Wasserstandsanzeiger mit Selbstschluss, ein Dreiwegeventil für die Aschkasten-, Kohlen- und Rauchkammerspritze, der Hilfsbläser sowie selbstverständlich die nötigen Druck- und Temperaturmesser samt den zugehörigen Führerstandsarmaturen.

Rahmen

Der Lokomotivrahmen war als Barrenrahmen mit 100 mm Wangenstärke ausgebildet (im Bereich der Schleppachse auf 40 mm geschwächt, um dieser die nötige seitliche Beweglichkeit zu ermöglichen). Die lichte Weite zwischen den Wangen betrug 1000 mm. Vorn war der Rahmen durch den Pufferträger, dahinter durch die geschweißte Zylinderverbindung aus Stahlguss versteift, welche gleichzeitig mit ihrem oberen Sattel die Rauchkammer und unten den Drehgestellzapfen trug. Zwischen den Radsätzen befanden sich weitere, oben Kesselpendelbleche tragende Querstreben. Die vordere dieser Querverbindungen war mit der nächstfolgenden Querstrebe rechts wie links durch Stahlgusslängsträger verbunden, die als Auflagen für die Steuerwellen- und Schwingenlager fungierten und nach vorn bis zu den Zylindern reichten. Hinter der dritten Kuppelachse angeordnete Stahlgussstücke zwischen den Rahmenwagen trugen den Stehkessel. Die letzte Rahmenquerverbindung bildete der unter dem Führerstand angeordnete Zugkasten.

Der Barrenrahmen stützte sich in vier Punkten auf dem Laufwerk ab: in zwei Punkten auf dem Drehgestell, in den beiden anderen auf den durch Längsausgleichshebel verbundenen Kuppelradsätzen und auf der Schleppachse. Gegenüber der Baumusterserie wurde er ab der 01 012 zwischen vorderem Pufferträger und der Achsmitte der 1. Laufachse verlängert, wodurch sich die Länge der Lokomotiven (ohne Tender) von 14 950 mm auf 15 140 mm vergrößer-

1930 besaß die 01 009 schon große Windleitbleche. ***Foto: H. Maey/ Eisenbahnstiftung***

Die am 29. Januar 1926 von der Deutschen Reichsbahn abgenommene 01 001 auf Indizierfahrt. ***Foto: Slg. Garn***

te. Ab der 01 102 wurde die Rahmenkonstruktion überarbeitet: Wegen der bei den älteren Loks beobachteten Neigung zu Rahmenrissen verstärkte man unter anderem den Rahmenuntergurt zwischen Zylindern und Treibachse, außerdem erforderten die nunmehr größeren Laufräder eine veränderte Führung der Rahmenwangen im Drehgestellbereich. (Wenn die 01 dennoch weiterhin häufig an Rahmenrissen „krankten", so ist das auch auf ihre Höchstbeanspruchung selbst im fortgeschrittenen Alter zurückzuführen.)

Laufwerk

Gute Fahreigenschaften auch bei hohen Geschwindigkeiten gewährleistete das vorauslaufende zweiachsige Drehgestell mit 2200 mm Achsstand und einem Drehzapfenabstand zur ersten Kuppelachse von 2900 mm. Die Drehgestelllaufräder der für 120 km/h zugelassenen 01 001 bis 101 sowie der als Baureihe 02 abgelieferten 01 011 und 01 233 bis 241 maßen 850 mm. Die bremstechnisch verbesserten, für 130 km/h zugelassenen 01 102 bis 232 erhielten Laufräder mit 1000 mm Durchmesser. Die Räder der im Hauptrahmen gelagerten Kuppelachsen aller 01 hatten 2000 mm Durchmesser (Spurkränze der als Treibradsatz fungierenden mittleren Kuppelachse um 15 mm geschwächt). Die Stangenlager waren als Gleitlager ausgebildet. 01 058 erhielt 1936 versuchsweise Rollenlager. Als Achslager verwendete man mit Stellkeilen versehene Wälzlager. Die als Adamsachse ausgeführte Schleppachse wies zur letzten Kuppelachse einen Abstand von 3800 mm auf, ihr Raddurchmesser betrug 1250 mm.

Der Drehzapfen des Laufdrehgestells war bei 01 001 bis 101 und den ehemaligen 02 ursprünglich um 100 mm, bei 01 102 bis 232 um 125 mm seitenverschieblich; später wurde die Seitenverschiebung (d.h. der seitliche Ausschlag des Drehgestells gegenüber dem Hauptrahmen) aber auf 50 bzw. 70 mm begrenzt. Die Schleppachse konnte aus der Mittellage heraus zu beiden Seiten hin um 80 mm ausschwenken. Die Lokomotiven mit den älteren Drehgestellen konnten Gleisbögen von 180 m Halbmesser, die mit den neueren solche von 140 m Halbmesser durchfahren.

Im Führerstand der 01 173 im Jahr 1958. ***Foto: DB (BD Köln)/Slg. Hütter***

Triebwerk und Steuerung

Die Heißdampfmaschine der 01 besaß zwei außen liegende, waagrecht angeordnete Gusseisen-Zylinder, die die zweite Kuppelachse antrieben. Die Zylinder arbeiteten mit innerer Einströmung. Für die Verteilung des Dampfes sorgte die außen liegende Heusinger-Steuerung, welche für Vorwärts- und Rückwärtsfahrt Füllungen bis zu 80 % ermöglichte. Der Kolbenhub betrug 660 mm, der Zylinderdurchmesser bei 01 001 bis 076 ursprünglich 650 mm. Da die Lokomotiven mit den offenbar zu voluminös ausgeführten Zylindern wegen der im Verhältnis zum Reibungsgewicht zu großen Kolbenkräfte zum Schleudern beim Anfahren schwerer Züge neigten, reduzierte man den Zylinderdurchmesser ab 01 077 auf 600 mm. Die Zylinder der älteren Loks wurden durch Einziehen neuer Zylinderlaufbuchsen ebenfalls auf dieses Maß gebracht.

Auf den in jedem Zylindergehäuse eingegossenen Schieberkästen der bis 1936 gelieferten Maschinen befanden sich Eckventil-Druckausgleicher der Regelbauart. Ab 1937 bzw. ab der Betriebsnummer 01 191 gelangten serienmäßig Druckausgleichkolbenschieber der Bauart Karl Schulz (vormals Nicolai) zum Einbau, womit die genannten Eckventile ebenso wie die Sicherheitsventile an den Zylinderdeckeln entfielen. Ältere Loks hatte man bereits versuchsweise mit den „Karl-Schulz-Schiebern" ausgerüstet.

Bremsanlage

Die selbsttätig wirkende Einkammerdruckluftbremse Bauart Knorr mit Zusatzbremse wurde von der rechts in ei-

01 038 um 1940 in Budapest Keleti: Die Reichsbahn lieh der MÁV für kurze Zeit je eine 01 und 12^0 für die Entwicklung der Serie 303. ***Foto: Slg. Griebl***

Um 1928 besaß 01 001 testweise zusätzlich zu den mittelgroßen Blechen eine Windleitvorrichtung am Schornstein. ***Foto: R. Kreutzer/Slg. Griebl***

Auch die 1928 fabrikneu beim Bw Altona beheimatete 01 070 erhielt vorübergehend besondere Windleitvorrichtungen. ***Foto: Slg. Schwarz***

ner Rauchkammernische untergebrachten Doppelverbundluftpumpe Bauart Nielebock-Knorr mit Druckluft versorgt. Die beiden je 400 l fassenden Hauptluftbehälter waren rechts und links neben dem Aschkasten aufgehängt. Bei den Loks 01 001 bis 01 101 wirkte die Bremse einseitig auf die Kuppel- und Drehgestellräder. Im Zusammenhang mit der Heraufsetzung der Höchstgeschwindigkeit auf 130 km/h wurden ab der 01 102 die Kuppelräder mittels Scherenbremsen doppelseitig abgebremst, einseitig von vorn außerdem die Räder der Schleppachse. Im Übrigen sicherte eine nur auf die Tenderradsätze wirkende Wurfhebelbremse die Lokomotiven im Stillstand.

Sonstige Ausrüstung

Zu den weiteren Einrichtungen zählten:

- Pressluft-Sandstreuer der Bauart Borsig-Reichsbahn, die alle Kuppelachsräder von vorn sandeten
- die Zentralschmierung aller unter Dampf gehenden Teile mittels einer Hochdruckschmierpumpe Bauart Bosch-Reichsbahn
- ein vom Schleppradsatz angetriebener Geschwindigkeitsmesser Bauart Deuta
- eine Dampfheizeinrichtung für die Reisezugwagen
- die elektrische Beleuchtung, für die ein links unterhalb des Schornsteins auf der Rauchkammer montierter Dampfturbogenerator die Energie lieferte (01 001 bis 010 anfangs noch mit Gasbeleuchtung Bauart Pintsch); ab 01 077 auch mit Triebwerksbeleuchtung geliefert (übrige Maschinen später entsprechend nachgerüstet); in der Regel Zweilichtspitzensignal, etliche Loks aber schon bei der DRG mit Dreilichtspitze.

In den Jahren 1937 bis 1942 erhielten fast alle Lokomotiven der Baureihe 01 die induktive Zugsicherung (Indusi) der Dreifrequenzbauarten VES, Lorenz oder Knorr.

Führerhaus

Das für alle größeren Einheitsloktypen einheitlich gestaltete Führerhaus zeichnete sich durch seine Geräumigkeit aus. Es besaß je zwei große Seitenfenster und eine gute Entlüftung mittels seitlich in die Dachrundung eingelassener, je nach Fahrt-

Die im November 1934 abgenommene 01 105 ist gekuppelt mit einem Tender 2'2' T 32 der neueren Ausführung. ***Foto: W. Hubert/Slg. Gerhard***

richtung verstellbarer Luftklappen. Ab der 01 077 bekamen die Führerhäuser an ihrem hinteren Ende serienmäßig Windabrisskanten (später auch bei den älteren Maschinen montiert). Außerdem wurden zum Schutz des Personals vor Zugluft und Schmutz hinter den Sitzen feste Rückwände mit Fenstern eingebaut.

Windleitbleche

Die meisten Serienloks bis zur 01 076 besaßen bei Anlieferung ebenso wie die Baumustermaschinen mittelgroße Windleitbleche der Bauart Grunewald. Da deren Wirksamkeit gegen Sichtbehinderung und Verqualmung des Führerhauses jedoch nicht befriedigte, experimentierte man mit Blechen unterschiedlicher Bauformen. Versuchsweise erhielten einige Loks (z.B. die 01 012) bereits mit abklappbarem Mittelteil versehene deutlich größere Bleche. Die Versuchsabteilung Grunewald rüstete auch die 01 054 mit ähnlich großen Blechen aus, die im Prinzip der Bauart Grunewald entsprachen und noch keine Wartungsklappe aufwiesen. Die 01 070 hingegen erhielt eine kleine Windleitvorrichtung, bei der der Schornstein links und rechts durch zwei nach hinten spitz zulaufende Bleche eingefasst war. Der 01 001 verpasste man zusätzlich zu den Grunewalder Blechen ebenfalls eine den Schornstein einfassende Windleitvorrichtung, die sich aber von jener der 01 070 unterschied. Auch die 01 075 behielt zunächst ihre Bleche der Bauart Grunewald, außerdem wurde auf ihrem Kesselscheitel probeweise eine Schornstein- und Domverkleidung montiert, die schon Merkmale der später bei der 01^5 angewandten Verkleidung vorwegnahm.

Beginnend mit der 01 077, wurden die Loks ab 1930 mit den charakteristischen

Henschel-Werbeanzeige vom Mai 1939 mit der 01 226 im Anhalter Bahnhof in Berlin.

Lieferliste

01 001 – 008	Borsig 1926
01 009 und 010	AEG 1926
01 012 – 021	Borsig 1928
01 022 – 040	Henschel 1927
01 041 – 052	Hohenzollern 1928
01 053 – 066	Schwartzkopff 1928
01 067 – 076	AEG 1928
01 077 – 086	Schwartzkopff 1930
01 087 – 101	Krupp 1930/31
01 102 – 109	Henschel 1934
01 110 – 114	Schwartzkopff 1934
01 115 – 121	Krupp 1934
01 122 – 140	Henschel 1935
01 141 – 149	Krupp 1935
01 150 – 205	Henschel 1935 bis 1937
01 206 – 212	Krupp 1937
01 213 – 232	Henschel 1937/38

Die Hersteller lieferten folgende Stückzahlen: AEG 12 Lokomotiven, Borsig 18, Henschel 122, Hohenzollern 12, Krupp 38 und Schwartzkopff 29.

Anzeige vom Juli 1939: 01 205 zieht in Guxhagen an der 45 002 vorbei. ***Abb.: Slg. Ponzlet (2)***

großen Windleitblechen geliefert, die nach oben etwa bis zur Vorwärmermitte und nach hinten über die Mitte der Kreuzkopf-Gleitbahn reichten. Diese nachträglich auch an den älteren Maschinen angebrachten Windleitbleche bezeichnete man später gemeinhin als „Wagner-Bleche“ (oder scherzhaft als „Elefantenohren“). Sie waren entsprechend der Raumbegrenzung oben angewinkelt. Das abklappbare Mittelteil erleichterte die Wartung der Luft- und Speisepumpe, doch konnte auch diese Lösung nicht völlig zufriedenstellen. Daher verlegte schon die Deutsche Reichsbahn zumindest bei der 1937 gelieferten 01 217 die Pumpen probeweise zur Fahrzeugmitte hin. (Die DB tat es dann generell, außerdem ersetzte sie die großen Bleche durch „Witte-Bleche“.)

Tender 2'2' T 32 Bauart 1926 ältere Ausführung der 01 014. ***Foto (1932): Slg. Reinshagen***

Tender

Die 01 001 bis 010 wurden ebenso wie die Lokomotiven der Baureihe 02 mit dem kurzen Tender 2'2 T 30 geliefert, der das Wenden auch auf 20-m-Drehscheiben ermöglichte. Der 2'2 T 30 hatte nur vorn ein zweiachsiges Drehgestell und hinten zwei fest im Rahmen gelagerte Radsätze. Nachträglich erhielten die Baumusterlokomotiven den ab der 01 012 standardmäßig verwendeten Einheitstender 2'2' T 32. In der als „Bauart 1926 ältere Ausführung“ bezeichneten Version besaß dieser Tender Kohlekasten-Seitenwände mit einer zum Führerhaus hin flach abfallenden Schräge. Bei der ab dem Jahr 1934 (bzw. ab Lok 01 102) gelieferten neueren Ausführung des 2'2' T 32 waren die Seitenwände des Kohlekastens hinten angewinkelt und in gleichbleibender Höhe bis zum Führerhausdach vorgezogen.

Ab 1939 tauschte man bei fast allen 01 die genieteten Tender 2'2' T 32 gegen die vollständig geschweißten Tender 2'2' T 34 mit von 32 m³ auf 34 m³ vergrößertem Wasservorrat aus, der Kohlenvorrat betrug unverändert 10 t.

Die 1938 dem Bw Dresden Altstadt zugeteilte 01 226 lief vorübergehend mit einem 2'2' T 34-Stromlinientender, da sie als Ersatzlok für den Henschel-Wegmann-Zug fungierte. Mit einem ehemaligen Stromlinientender dieser Bauart war zumindest um 1950 die 01 004 gekuppelt. ❑

Die 1938 dem Bw Dresden Altstadt zugeteilte 01 226 lief vorübergehend mit einem 2'2' T 34-Stromlinientender. ***Foto: W. Hubert/Slg. Griebl***

Nach dem Eintreffen im RAW wird die Lok zur äußerlichen Reinigung mit heißem Wasser abgespritzt.

Hauptuntersuchung 1932 im RAW Braunschweig

Zu Beginn der 1930er Jahre ließ die Deutsche Reichsbahn für Schulungszwecke Fotos bei der Hauptuntersuchung einer Schnellzuglok der Baureihe 01 anfertigen, die zur damaligen Zeit 11 Tage dauerte. Wir zeigen auf dieser Doppelseite einige Motive aus dieser Bildserie.

Der Kessel wird vom Rahmen gehoben, der Rahmen kommt auf den Rahmenmessstand.

Nach jeder Untersuchung des Kessels erfolgt eine Wasserdruckprobe mit kaltem Wasser und anschließend eine Dampfdruckprobe.

Bearbeitung des Kessels am Bohrstand in der Kesselschmiede: Nieten und undichte Stehbolzen werden ausgewechselt, ebenso Heiz- und Rauchrohre.

Tag 3: Die Lok wird von den Achsen gehoben. Armaturen und Teile werden abgebaut und mit Elektrokarren der Abkocherei und den Sonderwerkstätten zugeführt.

Zusammenbau am 4. und 5. Tag: Der Rahmen wird vermessen und bearbeitet, der Kessel wird wieder eingebaut und bekleidet.

Tage 6 bis 8: Führerhaus, Pumpen, kleine und große Rohre, Vorwärmer, Innensteuerung und Gleitbahnen werden wieder angebaut. ***Fotos: DRG/Slg. Ebel***

VON BASEL
BIS KÖNIGSBERG

Schon die ersten hundert 01-Lokomotiven gaben dem Schnellzugdienst weiträumig ein neues Gepräge. Ihre Domäne waren die Ost-West-Magistralen. Ebenfalls früh erschienen sie auf der Rheintalstrecke Mannheim – Basel. Mit Auslieferung der Folgeserien erweiterte sich das Einsatzgebiet bis Ostpreußen und Schlesien sowie tief nach Bayern hinein bis München

Die DRG teilte die von Januar bis Juli 1926 abgenommenen 01 002 bis 010 in Dreiergruppen den Bw Hamm (01 002 bis 004), Hof (01 005 bis 007) und Erfurt P (01 008 bis 010) zu, um sie sowohl im Flachland als auch im Hügelland in gemeinsamen Laufplänen mit der 02 der Betriebserprobung zu unterziehen. Allerdings geht aus den Betriebsbüchern nicht immer klar hervor, wo die Maschinen unmittelbar nach ihrer Abnahme tatsächlich eingesetzt waren. So weist das Betriebsbuch der am 28. Januar 1926 abgenommenen 01 008 erst vom 28. November 1926 an das Bw Erfurt P als Heimatdienststelle aus; der in der gleichen Spalte zu findende (durchgestrichene) Eintrag „Bw Hamm" legt die Vermutung nahe, dass die Maschine zunächst bei diesem Bahnbetriebswerk erprobt worden ist.

Die am 29. Januar 1926 abgenommene 01 001 blieb bis zum 16. November 1927 bei der Lokomotiv-Versuchsabteilung Grunewald, die mit ihr und der 02 002 die schon erwähnten Vergleichsmessfahrten durchführte. Ab 18. November 1927 gehörte die 01 001 zum Bw Hamm, das seinen 01-Bestand ebenso wie Erfurt P rasch deutlich aufstockte. Weitere Erstzuteilungs-Bw der zweiten Lieferserie (01 012 bis 076) waren 1927/28 Altona, Bebra, Berlin Anhalter Bahnhof, Hannover Ost, Kassel Bahndreieck und Magdeburg Hbf. Im Dezember 1928 verfügte die Deutsche Reichsbahn-Gesellschaft über 72 Exemplare der Baureihe 01. Die noch zum 1928er-Baulos der Hohenzollern AG, Düsseldorf, zählenden 01 050, 051 und 052 wurden erst im Zeitraum Januar bis März 1929 abgenommen.

Köln Hbf: 01 031 überquert 1929 die Ursulastraße. ***Foto: Eisenbahnstiftung***

Auf den nord- und mitteldeutschen Ost-West-Magistralen beförderten die 01 höchstrangige FD- und schwere D-Züge. Altonaer Maschinen fuhren hauptsächlich nach Berlin. Das Bw Hamm bespannte mit den neuen Einheitsloks vor allem Schnellzüge zwischen Köln und Hannover über Elberfeld, auch ein Langlauf Aachen – Hannover (402 km) war zu bewältigen. Den östlichen Abschnitt der Relation Rhein-Ruhr-Gebiet – Berlin, also die „Rennstrecke" von Hannover über Stendal in die Reichshauptstadt, bedienten die in Hannover Ost stationierten 01. Das Bw Magdeburg Hbf setzte die mächtigen Pazifiks u.a. auf der (heute fast vergessenen) D-Zug-Route Berlin Potsdamer Bahnhof – Magdeburg – Börßum – Kreiensen – Kassel, aber auch zwischen Berlin und Braunschweig oder Halberstadt ein. Die Kasseler 01 kamen über Erfurt bis Leipzig. Die Erfurter Lokomotiven dampften von Frankfurt (Main) nach Leipzig und über Halle (Saale) liefen sie bis Berlin durch (539 km).

Das Bw Berlin Anhalter Bahnhof stellte die Schnellzugloks für die Strecken nach Dresden und Leipzig. Die Hofer 01 005, 006 und 007 teilten sich bis Mitte 1929 mit den 02 die Leistungen zwischen Dresden bzw. Leipzig und Regensburg, dann wurden sie aus der fränkischen Saalestadt abgezogen. Erst ab 1937 beheimatete Hof wieder 01, neben den sukzessive umgebauten 02 auch fabrikneu zugewiesene Exemplare. Vergleichsweise weniger bedeutend war die (erst nach dem Krieg überaus wichtige) Nord-Süd-Strecke Hannover – Bebra – Fulda – Frankfurt (Main) bzw. Würzburg, und vergleichsweise bescheiden war im später als Hochburg der dreizylindrigen 01^{10} berühmt gewordenen Bw Bebra auch der lange Zeit nur fünf Maschinen umfassende 01-Bestand.

Zu Beginn der 1930er Jahre erschien die Baureihe 01 neu bei den Bahnbetriebswerken Berlin Lehrter Bahnhof, Frankfurt (Main) 1 und Offenburg. In Altona dagegen wichen die Loks den leichteren Schwestermaschinen der Baureihe 03. Letztere konnten u.a. auch auf der noch nicht für 20 t Achslast ausgebauten „Rollbahn" Hamburg – Bremen – Osnabrück – Ruhrgebiet sowie auf den Strecken nach Westerland, Flensburg und Kiel eingesetzt werden.

Mitte 1931 hundert Loks

Nach Abnahme der dritten Lieferserie (01 077 bis 101) besaß die DRG Ende Juli 1931 genau einhundert 01-Lokomotiven. Aufgrund der Wirtschaftskrise und der zunehmend schwierigeren Finanzlage der DRG blieben weitere Neulieferungen zunächst aus. Bekannt ist die Verteilung dieser hundert Maschinen per 1. April 1933. Den höchsten Bestand hatte das Bw Hannover Ost (22 Loks), gefolgt von den Bw Erfurt P (18), Hamm (15) und Berlin Anhalter Bf (10). Der übrige Bestand verteilte sich recht gleichmäßig auf die Bw Kassel (7 Loks) sowie Frankfurt (Main) 1, Berlin Lehrter Bf und Magdeburg Hbf (jeweils 6 Loks), ferner Bebra und Offenburg (je 5 Maschinen). Für den weniger schweren Schnellzugdienst beheimateten fast alle genannten Bw weiterhin Lokomotiven aus der Länderbahnzeit. Zum Beispiel verfügten die Berliner Bahnbetriebswerke Anhalter Bf und Lehrter Bf noch über preußische S 10^{1} (alias 17^{10}). In Bebra, Berlin Anhalter Bahnhof, Erfurt P, Frankfurt (Main) 1, Kassel und Magdeburg Hbf waren noch preußische P 10 (bzw. 39er) zuhause. Das Bw Offenburg setzte nach wie vor auch die badische IV h (18^{3}) im hochwertigen Reisezugdienst ein. Die Beförderung des luxuriösen FFD „Rheingold" im Abschnitt Mannheim – Basel oblag schon seit 1930 jedoch vorrangig der 01, ab Sommer 1934 verwendete das Bw Offenburg für den „Rheingold" nur noch die Einheitsloktype.

Wuppertal-Elberfeld: 01 001 mit Sonder-Windleitvorrichtung. ***Foto: C. Bellingrodt/Slg. Garn***
UNTEN: 01 034 mit D 4 in Wt.-Steinbeck (1928). ***Foto: C. Bellingrodt/Slg. Dr. Hufnagel***

Nachdem Arbeitsbeschaffungsmaßnahmen und Investitionsprogramme des Nazi-Regimes die Wirtschaft 1933 wieder angekurbelt und auch der Eisenbahn einen Verkehrsaufschwung beschert hatten, bestellte die DRG in größerem Umfang weitere Einheitslokomotiven. So erschienen von 1934 bis 1938 die 01 der vierten und fünften Lieferserie mit den Betriebsnummern 01 102 bis 232, und zwar in der auch bremstechnisch verbesserten Form mit 1000-mm-Laufrädern für eine Höchstgeschwindigkeit von 130 km/h. Diese Maschinen schlossen Bedarfslücken oder dienten dem Austausch älterer Loks bei den Bw Bebra, Berlin Anhalter Bf und Lehrter Bf, Erfurt P, Frankfurt (Main) 1, Hannover Ost, Kassel, Magdeburg Hbf und Offenburg; wie bereits erwähnt, erhielt auch das Bw Hof wieder fabrikneue 01. Zum anderen wurden nun auch die für die Schnellzugförderung wichtigen Bahnbetriebswerke Berlin Potsdamer Gbf, Braunschweig Hbf, Breslau Hbf, Dresden-Altstadt, Göttingen P, Halle P, Köln-Deutzerfeld, Königsberg (Pr.), Leipzig Hbf West, Nürnberg Hbf, Paderborn und Schneidemühl P mit 01-Lokomotiven ausstaffiert.

Straffe Fahrzeiten ab 1934

Mit dem Sommerfahrplan 1934 begann für die 2'C1'-Schnellzuglokomotiven der Einheitsbauart die glanzvollste Zeit vor dem Zweiten Weltkrieg. Die Vergrößerung der Abstände zwischen Vor- und Hauptsignalen ermöglichte es auf vielen Strecken, die Höchstgeschwindigkeit der FD- und D-Züge von bisher 110 bzw. 100 km/h auf 120 km/h anzuheben. Die gestrafften Fahrpläne verlangten den Maschinen und ihrem Personal fortan alles ab, wobei die 01 oft zehn bis zwölf D-Zug-Wagen – also Zuglasten von 450 bis 600 t – zu befördern hatten.

01 019 mit D 5 nach Berlin in Hamburg-Dammtor (1928). *Foto: C. Bellingrodt/Slg. EJ*

01 090 mit dem Flügelzug FD 226 in Gruiten (Juli 1935). *Foto: C. Bellingrodt/Slg. Ritz*

01 058 verlässt 1930 Hannover in Richtung Lehrte. *Foto: R. Kreutzer/Eisenbahnstiftung*

Die Titelseite des Reichsbahn-Kalenders 1932 zierte eine 01. *Abb.: Slg. Gerhard*

Die Loks der so genannten Nachbauserien ab 01 102 verdrängten unter anderen bayerische S 3/6 (18^{4-5}) der Bw Nürnberg Hbf und Halle P sowie preußische S 10^{1} (17^{10}) der Berliner Bahnbetriebswerke und des Bw Königsberg (Pr.) in den zweitrangigen Dienst. Das Bw Nürnberg setzte die ihm 1935 zugewiesenen 01er mit D 39/40 sogleich im Langlauf Nürnberg – Halle (Saale) – Berlin Anhalter Bahnhof ein, zwischen Nürnberg und Halle übernahmen die neuen Maschinen bisherige D-Zug-Leistungen

Gemischtes Doppel mit 17^{10} und 01 in Leipzig Hbf (1931). ***Foto: RVM (Pragher)/Eisenbahnstiftung***
UNTEN: 01 165 mit D-Zug nördlich von Plauen (Juni 1937). ***Foto: W. Hubert/Eisenbahnstiftung***

der S 3/6. Ebenfalls mit Durchläufen auf der 476 km langen Route Berlin – Nürnberg glänzten wohl ab 1937 die 01er des Bw Berlin Anhalter Bahnhof. In den letzten Jahren bis zur Aufnahme des elektrischen Betriebs zwischen Nürnberg und Saalfeld im Mai 1939 wurden schwere Schnellzüge hier überwiegend von Lokomotiven der Baureihe 01 befördert, auf den Steilrampen im Frankenwald kräftig von schiebenden 95ern (preußischen T 20) oder 96ern (bayerischen Gt 2 x 4/4) unterstützt.

Die im Juni 1936 fabrikneu dem Bw Dresden-Altstadt zugewiesenen 01 184 und 185 beförderten fallweise als Ersatz für die 61 001 den planmäßig mit bis zu 135 km/h Höchstgeschwindigkeit verkehrenden Henschel-Wegmann-Zug auf der Strecke Berlin – Dresden, die Verbindung mit dessen Scharfenberg-Apparat stellte eine Übergangskupplung her. Ab April 1938 verfügte das Bw Dresden-Altstadt für den Einsatz vor dem Henschel-Wegmann-Zug über die mit einem 2'2' T 34-Stromlinientender gekuppelte 01 226. Der mit Knorr-Schnellbremse (Kssbr) ausgerüstete Tender war ein Prototyp des serienmäßigen 2'2' T 34 St für die 03^{10}.

Titelseite eines Faltblatts der RBD Halle von 1937. ***Abb.: Slg. Ponzlet***

Deutzerfelder 01 übernahmen im Jahr 1938 die Renommierleistung der S 3/6 des Bw Mainz vor dem legendären „Rheingold" im Abschnitt Mannheim – Zevenaar (Niederlande).

Den Maschinen des Bw Schneidemühl oblag ab Mitte der 1930er Jahre hauptsächlich die Beförderung schwerer Schnellzü-

01 145 mit D 40 (Berlin–München) bei Unterloquitz: Ab Probstzella benötigt der Zug eine Schublok. *Foto (1935): C. Bellingrodt/Slg. Knipping*

Eine 01 vom Bw Berlin Anhalter Bahnhof fährt im Januar 1931 mit dem D 63 (Budapest–Preßburg–Prag–Berlin) durch Dresden-Trachau. Der Zug führte im Winterfahrplan 1930/31 Kurswagen aus Wien und Belgrad mit, zwischen Budapest und Prag beförderte er auch Schlafwagen aus Istanbul, Thessaloniki und Bukarest mit Ziel Prag. Nach dem Packwagen ist ein Mitropa-Speisewagen (Bodenbach–Berlin) eingereiht, dahinter folgen zwei Reisezugwagen der DRG, einer der ČSD, zwei der MÁV und noch zwei weitere. *Foto: W. Tausche/Slg. Wunschel*

Die Frankfurter 01 151 hat um 1937 bei Schlüchtern möglicherweise den FD 5 nach Leipzig am Haken.
Foto: Dr. Wolff & Tritschler

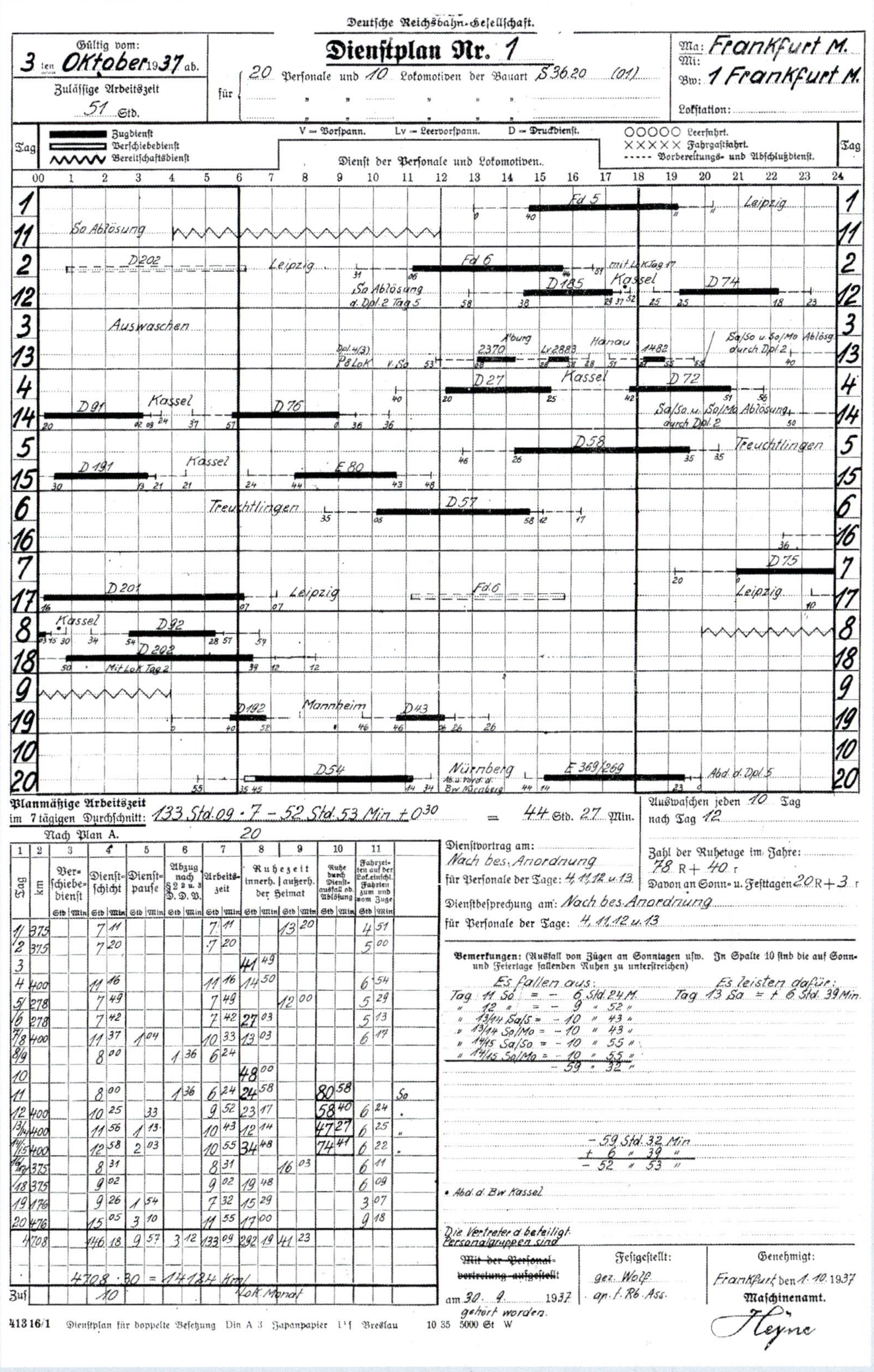

Deutsche Reichsbahn-Gesellschaft.

Gültig vom: 3 ten Oktober 1937 ab.

Zulässige Arbeitszeit 51 Std.

Dienstplan Nr. 1

für 20 Personale und 10 Lokomotiven der Bauart S 36.20 (01)

Ma: Frankfurt M.
Mi:
Bw: 1 Frankfurt M.
Lokstation:

Zugdienst / Verschiebedienst / Bereitschaftsdienst — V = Vorspann. Lv = Leervorspann. D = Druckdienst. — ○○○○○ Leerfahrt. ××××× Fahrgastfahrt. ----- Vorbereitungs- und Abschlußdienst.

Dienst der Personale und Lokomotiven.

Planmäßige Arbeitszeit im 7tägigen Durchschnitt: 133 Std. 09 · 7 – 52 Std. 53 Min + 0[30] / 20 = 44 Std. 27 Min.

Auswaschen jeden 10 Tag nach Tag 12

Nach Plan A.

1 Tag	2 km	3 Verschiebedienst Std Min	4 Dienstschicht Std Min	5 Dienstpause Std Min	6 Abzug nach § 2 2 u. 3 D. D. B. Std Min	7 Arbeitszeit Std Min	8 Ruhezeit innerh. der Heimat Std Min	9 Ruhezeit außerh. der Heimat Std Min	10 Ruhe durch Dienstausfall od. Ablösung Std Min	11 Fahrzeiten auf der Lok einschl. Fahrten zum und vom Zuge Std Min	
1/	375		7 11			7 11		13 20		4 51	
2	375		7 20			7 20				5 00	
3							41 49				
4	400		11 16			11 16	14 50			6 54	
5/	278		7 49			7 49		12 00		5 29	
/6	278		7 42			7 42	27 03			5 13	
7/8	400		11 37	1 04		10 33	13 03			6 17	
8/9			8 00		1 36	6 24					
10							48 00				
11			8 00		1 36	6 24	24 58		80 58		So
12	400		10 25	33		9 52	23 17		58 40	6 24	·
13/14	400		11 56	1 13		10 43	12 14		47 27	6 25	"
14/15	400		12 58	2 03		10 55	34 48		74 41	6 22	·
16/17	375		8 31			8 31		16 03		6 11	
/18	375		9 02			9 02	19 48			6 09	
19	176		9 26	1 54		7 32	15 29			3 07	
20	476		15 05	3 10		11 55	17 00			9 18	
	4708		146 18	9 57	3 12	133 09	292 19	41 23			
			4708 · 30 = 14124 Km/								
Zus			10			Lok Monat					

Dienstvortrag am: Nach bes. Anordnung
für Personale der Tage: 4, 11, 12 u. 13.

Zahl der Ruhetage im Jahre: 78 R + 40 r
Davon an Sonn- u. Festtagen 20 R + 3 r

Dienstbesprechung am: Nach bes. Anordnung
für Personale der Tage: 4, 11, 12 u. 13

Bemerkungen: (Ausfall von Zügen an Sonntagen usw. In Spalte 10 sind die auf Sonn- und Feiertage fallenden Ruhen zu unterstreichen)

Es fallen aus:
Tag 11 So = – 6 Std. 24 M.
" 12 " = – 9 " 52 "
" 13/14 Sa/S = – 10 " 43 "
" 13/14 So/Mo = – 10 " 43 "
" 14/15 Sa/So = – 10 " 55 "
" 14/15 So/Mo = – 10 " 55 "
– 59 " 32 "

Es leisten dafür:
Tag 13 Sa = + 6 Std. 39 Min.

– 59 Std. 32 Min
+ 6 " 39 "
– 52 " 53 "

• Abd. d. Bw Kassel

Die Vertreter d. beteiligt. Personalgruppen sind ~~Mit der Personalvertretung aufgestellt~~ am 30. 9. 1937 gehört worden.

Festgestellt: gez. Wolf ap. f. Rb. Ass.

Genehmigt: Frankfurt den 1. 10. 1937 Maschinenamt. Heyne

41316/1 Dienstplan für doppelte Besetzung Din A 3 Japanpapier 1¹f Breslau 10 35 5000 St W

Abb.: Slg. Koschinski

Den für ein Schwerpunkt-Bw typischen 01-Einsatz in den 1930er Jahren veranschaulicht der Dienstplan des Bw Frankfurt/Main 1 vom 3. Oktober 1937. Zehn Maschinen und 20 Lokpersonale wurden hauptsächlich im Schnellzugdienst zwischen Frankfurt und Leipzig, Kassel, Treuchtlingen, Nürnberg sowie Mannheim beschäftigt. Pro Tag leisteten die zehn Loks insgesamt 4708 km (pro Lok also durchschnittlich 471 km). Der Wert von 4708 km mal 30 geteilt durch 10 ergab die je Lok angesetzte Monatslaufleistung von 14124 km, wobei Auswaschen und planmäßige Fristarbeiten berücksichtigt waren. Die planmäßige wöchentliche Arbeitszeit der Personale betrug im Durchschnitt 44 Stunden und 27 Minuten (zulässig waren 51 Stunden).

01 098 eilt im Juni 1935 mit D 63 bei Königstein durch das Elbtal in Richtung Dresden. *Fotos: C. Bellingrodt/Bildarchiv der Eisenbahnstiftung (2)*

ge des „Korridorverkehrs" von und nach Ostpreußen im Abschnitt Berlin – Chojnice (Konitz). Östlich des von polnischen Lokomotiven befahrenen Teilstücks Chojnice – Marienburg waren vor diesen Zügen Königsberger 01 anzutreffen. Das Einsatzgebiet der Breslauer 01 reichte über Frankfurt (Oder) bis Berlin, über Görlitz bis Dresden sowie südostwärts bis ins oberschlesische Bergbau- und Hüttenrevier.

Große Bedeutung erlangten die schweren Pazifiks ab Mai 1939 beim Bw Würzburg. Dort lösten durch Elektrifizierung der Strecke Nürnberg – Saalfeld frei gewordene 01 aus Nürnberg die in den Würzburger Dienstplänen häufig überforderte Baureihe 03 ab. Die 01 hatten nun auch Durchläufe zwischen München und Frankfurt (Main) über Ingolstadt – Treuchtlingen (414 km) oder zwischen Regensburg und Frankfurt (Main) über Nürnberg (338 km) zu bewältigen.

Der von Adolf Hitler durch den Überfall auf Polen am 1. September 1939 angezettelte Zweite Weltkrieg bereitete der von straffen Fahrplänen und hohen täglichen Laufleis-

01 193 vom Bw Köln-Deutzerfeld mit FFD 101 „Rheingold" in Boppard (20. April 1939).

01 033 im kriegszerstörten Hauptbahnhof Hannover (1944). *Foto: W. Hollnagel/Eisenbahnstiftung*

Werbeplakat der Deutschen Reichsbahn aus dem Jahr 1935. *Abb.: Slg. Gerhard*

tungen geprägten Glanzzeit der Baureihe 01 vorerst ein Ende. Die Höchstgeschwindigkeit der Schnell- und Eilzüge wurde nun generell auf 100 km/h begrenzt. Andererseits setzte die Reichsbahn die Zuglasten bis an die äußerste Grenze der Leistungsfähigkeit der Lokomotiven herauf, wobei mit fortschreitendem Kriegsverlauf die planmäßig vorgesehenen und durch die Leistungstafeln vorgegebenen Höchstwerte immer häufiger überschritten wurden. Die 01 kam damit selbst unter widrigen Bedingungen wie der schlechter gewordenen Kohlequalität und der nachlassenden Pflege vergleichs-

Berlin Anhalter Bf: 01 016 (rechts) und 01 1053 (1940). *Foto: Eisenbahnstiftung*

weise gut zurecht. Ihr Einsatzgebiet weitete sich infolge der Annexion Polens im Osten aus, so jenes der Schneidemühler Loks um die in Schneidemühl von der Preußischen Ostbahn abzweigende Strecke über Posen nach Breslau.

Nach dem Umbau von acht Maschinen der Baureihe 02 (in 01 011 und 01 233 bis 239) verteilten sich die 239 Lokomotiven der Baureihe 01 per 1. August 1941 auf die Direktionsbezirke und Bahnbetriebswerke wie folgt:

RBD Berlin: 30 Loks
Berlin Anhalter Bf (16), Berlin Lehrter Bf (7), Berlin Potsdamer Gbf (7)
RBD Breslau: 8 Loks
Breslau Hbf (8)
RBD Dresden: 8 Loks
Dresden-Altstadt (8)
RBD Erfurt: 18 Loks
Erfurt P (15), Saalfeld (3)
RBD Essen: 16 Loks
Hamm (16)
RBD Frankfurt (Main): 21 Loks
Bebra (5), Frankfurt (M) 1 (16)
RBD Halle: 13 Loks
Halle P (5), Leipzig Hbf Nord (5), Leipzig Hbf West (3)

RBD Hannover: 32 Loks
Braunschweig Hbf (7), Hannover Ost (16), Magdeburg Hbf (9)
RBD Karlsruhe: 21 Loks
Offenburg (21)
RBD Kassel: 21 Loks
Göttingen P (5), Kassel (11), Paderborn (5)
RBD Köln: 10 Loks
Köln-Deutzerfeld (10)
RBD Königsberg: 8 Loks
Königsberg (Pr.) (8)
RBD Nürnberg: 11 Loks
Würzburg (11)
RBD Osten: 8 Loks
Schneidemühl P (8)
RBD Regensburg: 14 Loks
Hof (14)

Das Bw Hof verfügte außerdem über die 02 004 und 008, erst im Jahr 1942 umgebaut in die 01 240 (ex 02 008) und 01 241 (ex 02 004). Für die Unterhaltung der Lokomotiven waren die RAW Braunschweig, Frankfurt-Nied, Meiningen, Offenburg und Stargard zuständig. Ab Mitte 1943 verlegte die Reichsbahn die 01 aus den RBD Breslau, Königsberg und Osten im Austausch gegen 03 in westliche Direktionsbezirke. Gegen Kriegsende waren die meisten Schnellzuglokomotiven schadhaft abgestellt, jedoch noch keine 01 ausgemustert. Schließlich verblieben 171 Maschinen der Baureihe 01 im Bereich der späteren Deutschen Bundesbahn und 70 Exemplare auf dem Gebiet der Deutschen Reichsbahn in der späteren DDR. ❑

Im März 1945 rollt eine 01 durch Berlin-Steglitz. *Foto: W. Hollnagel/ Eisenbahnstiftung*

GEPRÄGT
VON WITTES BAUGRUNDSÄTZEN

01 154 (mit Verbrennungskammer-Hinterkessel) wartet 1954 mit Neujahrsgruß auf dem Windleitblech in Frankfurt Hbf auf Ausfahrt. ***Foto: A. Müll***

Der Erhaltungsbestand der jungen Deutschen Bundesbahn umfasste 165 Exemplare der Baureihe 01. Fünf Maschinen wurden 1950/51 mit Verbrennungskammer-Hinterkesseln und Henschel-Mischvorwärmeranlagen ausgerüstet. Ab 1958 erhielten 50 Exemplare neue Hochleistungskessel

Nach der im Sommer 1945 vollzogenen Aufteilung Deutschlands in vier Besatzungszonen befanden sich 171 Lokomotiven der Baureihe 01 auf dem Territorium der Deutschen Reichsbahn in den Westzonen. Davon waren einige erst unmittelbar vor der endgültigen Festlegung der Demarkationslinien zur „DR (West)" gelangt. Beispielsweise nahmen die amerikanischen Truppen beim Rückzug aus Thüringen die noch im Juli 1945 bei der RBD Erfurt erfassten 01 007, 082, 083, 115 und 147 mit. Sechs Maschinen hatten durch Kriegseinwirkungen so schwere Schäden erlitten, dass ihre Aufarbeitung unmöglich oder wirtschaftlich nicht vertretbar war. Deshalb wurden die 01 038, 053, 145, 155, 201 und 238 in den Jahren 1946 bis 1948 ausgemustert.

Einzelne kurz nach dem Krieg in der Französischen Besatzungszone abgestellte Loks, wie zum Beispiel die Ludwigshafener 01 041, brachte man in das aus der Britischen und US-Amerikanischen Zone gebildete Vereinigte Wirtschaftsgebiet (die so genannte Bi-Zone). Damit gehörten alle 165 in den Unterhaltungsbestand aufgenommenen 01 zur in diesem Gebiet schon am 7. September 1949 entstandenen Deutschen Bundesbahn. Die erst später voll in die DB integrierten Südwestdeutschen Eisenbahnen (SWDE) in der Französischen Zone sowie die 1957 eingegliederten Eisenbahnen des Saarlandes verfügten über keine 01.

Um die Wirtschaftlichkeit und Betriebstüchtigkeit zu verbessern, nahm die Deutsche Bundesbahn an den Maschinen der Baureihe 01 wie auch an anderen Einheitslokomotiven zahlreiche Bauartänderungen vor. In sie flossen die von Friedrich Witte geprägten Baugrundsätze für das neue Typenprogramm von 1950 ein. Nicht zuletzt ging es dem Bauart- und Konstruktionsdezernenten für Dampflokomotiven beim Bundesbahn-Zentralamt Minden um eine Synthese von Zweckmäßigkeit und ästhetisch ansprechender Gestaltung.

Besondere Bedeutung kam dem Einbau neuer Hinterkessel und völlig neuer Hochleistungskessel sowie der damit verbundenen Ausrüstung mit Mischvorwärmern zu. Ehe wir darauf eingehen, seien die unabhängig davon durchgeführten augenfälligsten bzw. einige andere technisch wichtige Bauartänderungen genannt:

- Ersatz der großen „Wagner-Windleitbleche" durch kleine „Witte-Bleche"
- Ausrüstung der Führerhausstirnfenster mit Windstauschuten statt der bisherigen einfachen Fernsterschirme (bereits vor 1945 eingeleitet auf Grund einer Anordnung des RVM aus dem Jahr 1940)
- Verlegung der Luft- und Kolbenspeisepumpen aus den Rauchkammernischen auf mit dem Rahmen verbundene Pumpenträger hinter der Treibachse; dadurch bessere Zugänglichkeit und bessere Gewichtsverteilung zugunsten eines höheren Reibungsgewichts (da die Drehgestellachsen entlastet wurden)
- Ersatz der Doppelverbund-Luftpumpen durch zweistufige Hochleistungs-Luftpumpen der Bauart Wülfel
- Ausbau des Rauchkammer-Zentralverschlusses und damit des Handrads in der Mitte der Rauchkammertür
- bei zahlreichen Lokomotiven Fortfall oder teilweiser Rückbau der Frontschürzen (beispielsweise wurden die Schürzen bei 01 047 und 202 komplett entfernt; die 01 007, 020, 097, 150, 234 und andere behielten dagegen das Abdeckblech unterhalb der Rauchkammer)
- im Zusammenhang mit der allgemeinen Einführung des Dreilicht-Spitzensignals (ab 1957) Ersatz der bisherigen Spitzensignallaternen durch neue standardisierte Reflexglasscheinwerfer mit kleinerem, aber gebündeltem Lichtaustritt
- Ersatz der Zweiklangdampfpfeife Bauart 1925 durch eintönige Dampfpfeife
- verbesserte Luftzufuhr mittels zusätzlicher seitlicher Aschkasten-Luftklappen der Bauart Stühren, außerdem Änderung der Abmessungen der Saugzuganlage
- teils Ersatz der Dampfzylinder durch neue mit angegossenen Ausströmkästen
- teils Ersatz der Eckventil-Druckausgleicher oder Druckausgleichkolbenschieber

Die 01 004 war 1949 mit einem 03[10]-Tender gekuppelt. ***Foto: R. Klitscher/Slg. Schwarz***

01 199 mit sehr hoch angebrachten kleinen Windleitblechen (Hof, 1946). ***Foto: Slg. Garn***

Bauart Karl Schulz durch federlose Druckausgleichkolbenschieber Bauart Müller

- Ausrüstung mit Spurkranzschmierung de Limon
- Rückkehr zu „friedensmäßigem" Material anstelle der kriegsbedingt verwendeten Heimstoffe, z.B. Wiederverwendung von WM 80 statt WM 10 als Lagermetall.

Die 01 206, 211, 217, 222 und 223 des Bw Hannover bekamen 1955 versuchsweise Treib- und Kuppelstangen mit gegenüber Gleitlagern verschleißärmeren Rollenlagern (Wälzlagern). Obwohl der Wartungsaufwand sank, unterblieb ein Umbau weiterer 01, während er an den 01^{10} und 03^{10} generell durchgeführt wurde. Außer 01 222 erhielten die genannten Loks in den Jahren 1958 bis 1960 Neubaukessel, später verschleißfeste Hartmangan-Gleitplatten in den Achslagerausschnitten. Im Zuge der allgemeinen „Entfeinerung" wurden 1967/68 in den 01 206, 211 und 217 wieder Stangen mit Gleitlagern eingebaut. Die 01 222 (z 24.10.1966 nach Unfall) und 01 223 (z 15.3.1968) behielten ihre Stangen mit Rollenlagern bis zur Ausmusterung. Bei der bereits 1936 umgerüsteten Hannoveraner 01 058 musste man die infolge von Achslagerverschleiß gefährdeten Rollenlagerstangen im Jahr 1945 durch übliche Gleitlagerstangen ersetzen, weil das Herstellerwerk der Rollenlager – SKF Schweinfurt – zerstört war (vgl. Jürgen-Ulrich Ebel in EJ 11/2006).

Noch eine Anmerkung zu den so genannten Witte-Blechen: Friedrich Witte selbst distanzierte sich von dieser Bezeichnung; besser wäre es, von der Bauart Degenkolb zu sprechen. In der Tat wurden die materialsparenden kleinen Windleitbleche während des Zweiten Weltkriegs unter der Ägide des vom NSDAP-Mann Gerhard Degenkolb geleiteten „Hauptausschusses Schienenfahrzeuge" kreiert. Erstmals kamen sie bei der (allerdings in der Verantwortung von Witte entwickelten) Baureihe 52 zur Anwendung. J. B. Kronawitter vom Maschinenamt Hof unternahm 1946 Versuche mit verschieden angebrachten „Degenkolb-Blechen", u.a. sehr hoch über den noch vorn befindlichen Pumpen bei

Rätselhafter Blechkasten

Bei einigen Loks der Baureihe 01 war auf dem Umlauf oberhalb des Schwingenträgers ein flacher Blechkasten montiert. Auf teils die Lokführerseite, teils die Heizerseite zeigenden Fotos erkennbar, besaßen einen solchen Kasten die 01 080 (Foto vor 1945) sowie die 01 051, 077, 079 und 081 (Fotos aus den 1950er Jahren). Die 01 051 kam 1933 vom Bw Hannover Ost zum Bw Offenburg, die anderen Maschinen wurden 1930 fabrikneu an das Bw Offenburg geliefert.
Was verbarg sich unter dem Kasten? Horst Troche teilte der EJ-Redaktion im Jahr 2006 auf Anfrage mit, es sei möglicherweise ebenso wie die serienmäßig dreieckförmige Abdeckung eine (behelfsmäßige?) Schutzabdeckung über der etwas in einen Ausschnitt des Umlaufblechs hineinragenden Schwinge gewesen.
Der ehemalige Lokführer Jochen Lawrenz, der – in Fankreisen wohlbekannt – noch auf den 01^{10} bzw. 012ern des Bw Altona fuhr, lieferte eine andere Erklärung. In einem Leserbrief an die Zeitschrift BAHN-Epoche, die in Heft 7 (Sommer 2013) Fotos der von 1950 bis 1961 in Treuchtlingen beheimateten 01 079 zeigte, schrieb er, dass diese Lok „den Prototyp einer Servo-Einrichtung" besaß, „um dem Lokführer die Bedienung der Steuerung zu erleichtern". Diese Information stützt die Annahme, dass der längliche Blechkasten den Kolben einer pneumatischen Umsteuerung abdeckte.

Eine Treuchtlinger 01 mit dem Blechkasten (München, 1956). ***Foto: DB***

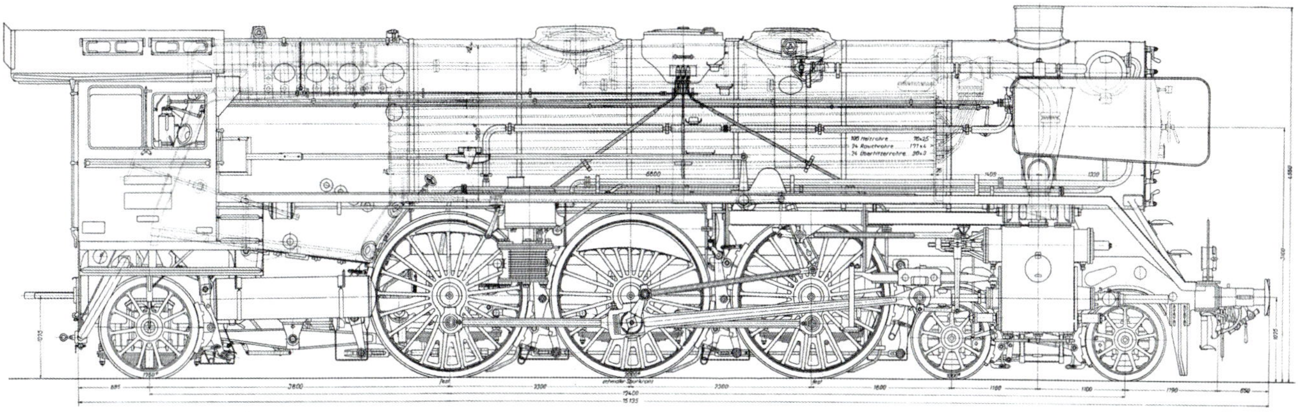

Seitenansicht der Baureihe 01 mit 1000-mm-Drehgestellrädern (ab 01 102) und nach hinten verlegten Pumpen. ***Zeichnung: DB/Slg. Koschinski***

der Hofer 01 199. Letzten Endes entschied wohl das Eisenbahn-Zentralamt Göttingen, generell zu den kleinen Windleitblechen überzugehen.

Anlässlich fälliger Hauptuntersuchungen rüsteten die damals kurz als EAW bezeichneten Ausbesserungswerke Braunschweig (Bwg) und Nied in den Jahren 1950 und 1951 fünf Lokomotiven der Baureihe 01 mit Verbrennungskammer-Hinterkesseln und Henschel-Mischvorwärmeranlagen aus. Sodann beschloss die Bundesbahn-Hauptverwaltung Mitte der 1950er Jahre, 80 Maschinen der Serien mit 1000-mm-Vorlaufrädern (01 102 bis 01 232) mit vollständig geschweißten Hochleistungskesseln zu versehen. Tatsächlich wurden ab 1958 im AW Nied nur noch 50 Loks neu bekesselt, denn die Umstellung auf Elektro- und Dieseltraktion schritt offenbar rascher voran als zunächst angenommen. Dass sie sich am Ende doch noch verzögerte, war genauso wenig absehbar wie die rigide Entscheidung der DB, die von Friedrich Witte konzipierten Neubau- und Umbaulokomotiven zum Teil bereits nach kaum zehnjähriger Betriebszeit auszumustern.

Umbauloks mit Henschel-Mischvorwärmer

Für den Umbau wurden neben den noch relativ jungen 01 112, 154 und 192 auch die einst mit dem 5,8-m-Kessel gelieferten 01 042 und 046 ausgewählt. 1950/51 erhielten alle genannten Loks Tauschkessel der Baujahre 1930 bis 1936, wobei sich der Abstand zwischen den Rohrwänden durch den Einbau einer Verbrennungskammer von 6800 mm auf 5800 mm verkürzte.

01 045 mit Trittstufen in der Schürze (Luxemburg, 1959). ***Foto: R. Fell/Eisenbahnstiftung***

01 020 mit teilweise entfernter Schürze (vor D 384 in Köln, 1962). ***Foto: R. Hahmann***

Hier die Umbaudaten im Einzelnen:

Lok	Kessel	Einbau im EAW
01 042	Henschel 1935/22570	Nied 08.06.51
01 046	BMAG 1934/10309	Nied 06.07.51
01 112	Henschel 1936/22720	Bwg 05.07.50
01 154	Krupp 1930/1166	Bwg 29.08.50
01 192	Krupp 1931/1179	Bwg 31.10.50

Anmerkung: BMAG = Berliner Maschinenfabrik vorm. Louis Schwartzkopff; häufig weiterhin als Firma Schwartzkopff bezeichnet

Anlässlich weiterer Hauptuntersuchungen im Ausbesserungswerk Nied bekam die 01 046 am 18. Juni 1957 den Kessel der nach einem Unfall mit Rahmenbruch abgestellten (und kurz darauf ausgemusterten) 01 042 und erhielt die 01 112 am 8. November 1957 den zuvor in der 01 046 verwendeten Kessel. Im Jahr 1956 bestückte das AW Nied die 01 192 mit einem komplett neuen Kessel. Die drei noch verbliebenen Loks mit Umbaukessel wurden im Zeitraum 1966 bis 1968 ausgemustert – als letzte die 01 046 am 2. Oktober 1968 (die z-Stellung erfolgte bereits am 29. Mai 1967).

Die Stahlfeuerbüchse der neuen Hinterkessel war aus einem Stück geschweißt. Ihre Verbrennungskammer ragte 1000 mm in den Langkessel hinein. Entsprechend der auf 5800 mm verkürzten Rohrlänge wurde auch die Rohrteilung geändert. Nunmehr durchzogen 41 Rauchrohre und 105 Heizrohre den Langkessel. Durch den Einbau der Verbrennungskammer änderte sich das Verhältnis Strahlungsheizfläche zu Rohrheizfläche zugunsten der hochwertigen (sich aus der Feuerbüchs- und Verbrennungskammerheizfläche ergebenden) Strahlungsheizfläche. Die gesamte Verdampfungsheizfläche betrug 216,23 m^2, wovon auf die Strahlungsheizfläche 22,00 m^2 und auf die Rohrheizfläche 194,23 m^2 entfielen. Das günstigere Heizflächen-Verhältnis von 1 : 8,83 (gegenüber 1 : 13,54 beim Wagner'schen Langrohrkessel) ermöglichte eine Erhöhung der spezifischen Heizflächenbelastbarkeit von 57 auf 65 kg/m^2h, was sich besonders beim Aus-

01 042 donnert 1955 mit dem neu eingeführten Jugoslawien-Expreß (Belgrad–Amsterdam) durch Heigenbrücken. *Foto: C. Bellingrodt/Slg. Schwarz*

fahren von Leistungsspitzen vorteilhaft auswirkte. Allerdings ist die von der Deutschen Bundesbahn errechnete Zylinderleistung von 2450 PS_i nur bedingt mit der bei Versuchsfahrten indizierten Zylinderleistung von 2240 bis 2280 PS_i der Loks mit dem Einheitskessel vergleichbar.

Zugleich mit dem neuen Hinterkessel erhielten die Lokomotiven Henschel-Mischvorwärmeranlagen des Typs MVR (mit im Scheitel der Rauchkammer liegendem Heißwasserspeicher). Im Mischkasten wurde das von der Pumpe geförderte Kaltwasser durch Vermischung mit Abdampf vorgewärmt. Das bot den Vorteil, durch Unterwasserkondensation einen

01 192 mit Henschel-Mischvorwärmer um 1956 in Frankfurt Hbf. ***Foto: A. Müll***

km/h		30	40	50	60	70	80	85	90	95	100	110	120	130
Steigung		Wagengewicht in t (**D-, F- u Eilzug**) *)												
0	1:∞	—	—	—	—	—	1470	1290	1120	970	855	650	500	375
1‰	1:1000	—	—	—	—	—	1145	1010	890	780	690	530	410	310
2‰	1:500	—	—	—	—	1195	925	820	730	640	570	440	345	260
3‰	1:333	—	—	—	—	990	770	680	615	540	480	370	290	220
4‰	1:250	—	—	—	1050	835	665	585	520	455	410	315	245	185
5‰	1:200	—	1150	1060	900	715	560	505	445	395	350	270	220	155
6‰	1:166	1070	995	925	785	620	490	440	390	340	305	235	180	130
7‰	1:140	935	870	810	690	550	430	385	340	300	265	205	155	110
8‰	1:125	830	770	720	610	485	380	340	300	260	230	175	130	90
10‰	1:100	665	620	580	495	390	300	265	235	205	180	130	95	60
14‰	1:70	460	430	400	340	260	195	170	150	125	105	70	—	—
20‰	1:50	290	270	250	205	150	105	85	—	—	—	—	—	—
25‰	1:40	205	190	175	140	95	—	—	—	—	—	—	—	—

km/h			20	30	40	50	60	70	75	80	85			
Steigung		Wagengewicht in t (**Personenzug**) *)												
0	1:∞		—	—	—	—	—	—	—	1305	1155			
1‰	1:1000		—	—	—	—	—	—	1190	1040	930			
2‰	1:500		—	—	—	—	—	1115	975	855	755			
3‰	1:333		—	—	—	—	—	930	820	720	645			
4‰	1:250		—	—	—	—	1010	790	700	615	550			
5‰	1:200		—	—	1130	1035	870	685	605	530	480			
6‰	1:166		1130	1060	980	900	760	600	530	465	420			
7‰	1:140		990	930	860	795	670	540	465	410	370			
8‰	1:125		875	820	765	705	595	470	415	355	325			
10‰	1:100		705	660	615	570	480	380	330	290	260			
14‰	1:70		490	460	425	395	330	255	220	190	165			
20‰	1:50		315	290	265	250	205	155	130	100	85			
25‰	1:40		220	205	190	175	135	95	—	—	—			

*) Leistungstafel auf Grund von Versuchsfahrten aufgestellt.

Leistungstafeln für die Baureihe 01 aus dem DB-Merkbuch von 1953. ***Abb.: Slg. Koschinski (2)***

Teil des Abdampfes für die Kesselspeisung zurückzugewinnen, was den thermischen Wirkungsgrad der Maschine erhöhte. Zudem konnte bei dieser Bauart (wie beim Heinl-Mischvorwärmer) das auf annähernd 100 °C vorgewärmte Wasser auch im Leerlauf oder bei Stillstand aus dem Heißwasserspeicher entnommen werden. Als Kesselspeiseeinrichtungen dienten die hinter dem Treibradsatz unterhalb des Laufblechs angebrachte Turbospeisepumpe VTP-B 250 (Förderleistung 250 l/min) sowie die Dampfstrahlpumpe der Einheitsbauart.

Die 01 181 erhielt 1960 einen Neubaukessel, z-gestellt wurde sie am 1. November 1972 beim Bw Hof. Das Foto ist in Hof Hbf entstanden.

Der voluminöse Mischkasten wölbte sich über die gesamte Kesselbreite. Dadurch waren die fünf Umbauloks leicht von den übrigen Maschinen der Baureihe 01 zu unterscheiden. Sonstige Änderungen der Frontpartie (wie die bei 01 046 und 154 bis auf das Abdeckblech unter der Rauchkammer entfernten Schürzenbleche) wurden aber auch an anderen 01 vorgenommen.

Völlig neu bekesselte Maschinen

Der nicht mehr vertretbare Unterhaltungsaufwand der zu Rissbildungen neigenden Ursprungskessel der 01^{10}, 03^{10} und 41 hatte die DB bewogen, für Lokomotiven dieser Baureihen vollkommen neue Kessel entwickeln zu lassen. Vorsorglich wurde dabei die Anpassung an andere Baureihen berücksichtigt. Der bereits seit 1953 für die 01^{10} verwendete und für die neue Baureihe 10 vorgesehene Grundtyp 1 sollte mit variierter Rohrteilung gleichermaßen für

Kenndaten der Umbau-01 der DB

	mit Henschel-Mischvorwärmer	mit Neubaukessel
Betriebsnummern	01 042, 046, 112, 154, 192	ab 01 103
Umbaujahre	1950/51	1958–1961
Bauart	2'C1' h2	2'C1' h2
Höchstgeschwindigkeit vorwärts/rückwärts	130/50 km/h [1]	130/50 km/h
indizierte Leistung (rechnerisch)	2450 PS_i	2330 PS_i
Trieb- und Laufwerk	Abmessungen wie Ursprungsausführung	
Kesselüberdruck	16 bar	16 bar
Rostfläche	4,31 m²	3,955 m²
Strahlungsheizfläche (Feuerbüchse und Verbrennungskammer)	22,00 m²	22,00 m²
Heizfläche der Rauch- und Heizrohre	194,23 m²	171,09 m²
Verdampfungsheizfläche	216,23 m²	193,09 m²
Überhitzerheizfläche	95,00 m²	100,54 m²
Gesamtachsstand mit Tender	20 320 mm	20 320 mm [2]
Länge über Puffer mit Tender	23 940 mm	23 940 mm [2]
maximale Achslast	19,9 t	19,8 t
Lokreibungslast	59,7 t	57,7 t
Gesamtgewicht Lok und Tender mit vollen Vorräten	185,3 t	182,5 t [2]
Dienstgewicht Lok und Tender mit 2/3-Vorräten	170,6 t	167,8 t [2]

Anmerkungen:

1) für 01 042 und 046: 120/50 km/h 2) mit Tender 2'2' T 34

die 01 und 44 verwendbar sein, der für die 03^{10} und 41 entworfene Grundtyp 2 auch für die 03 und 39.

Obwohl die Ursprungskessel der Baureihe 01 im Gegensatz zu jenen der 01^{10} nicht aus der problematischen Stahlsorte St 47 K, sondern aus dem alterungsbeständigen St-34-Stahl gefertigt waren, erschien es sinnvoll, sie zu ersetzen. Die neuen Hochleistungskessel zeichneten sich zum einen durch eine größere „Verdampfungsfreudigkeit“ aus, zum anderen entlasteten sie den Werkstättendienst ganz erheblich durch Fortfall aufwändiger Niet- und Gewindeverbindungen.

Wie schon erwähnt, erhielten statt der vorgesehenen 80 nur 50 Maschinen der Baureihe 01 mit großrädrigem Drehgestell die neuen Kessel. Zum Einbau gelangten sie von 1958 bis 1961 im Ausbesserungswerk Nied in Lokomotiven ab der Betriebsnummer 01 103. Die meisten Kessel lieferte die Firma Jung, zehn Exemplare stammten von der Maschinenfabrik Esslingen und zwei Stück fertigte das AW Nied selbst. Vom alten Dampferzeuger unterschieden sie sich markant durch nur noch einen Domaufbau und den flachen, im Durchmesser vergrößerten Schornstein sowie den in der Rauchkammer verborgenen Mischvorwärmer der DB-Bauart 1957. In technischer Hinsicht entscheidend wichen sie vom Wagner'schen Langrohrkessel mit der (bei wesentlich geänderter Rohrteilung) von 6800 mm auf 5000 mm verkürzten Rohrlänge, dafür Einbau einer Verbrennungskammer und somit vergrößerter hochwertiger Strahlungsheizfläche ab.

Kenndaten der 1950/51 umgebauten 01 und der ab 1958 neu bekesselten Maschinen sind der Tabelle auf der linken Seite zu entnehmen. Ausführlich auf die Technik der Neubaukessel-01 geht ein gesondertes Kapitel ein, das auch deren Betriebsnummern auflistet. Bauartänderungen am Laufwerk, Triebwerk und an der Frontpartie sind ebenfalls dort beschrieben. Die geänderte Frontpartie verlieh den Maschinen das für DB-Neubau- und Umbaulokomotiven charakteristische wuchtige Aussehen. ❑

01 223 erhielt 1955 Rollenlagerstangen (23.4.1965). ***Foto: H. Berkowski/Eisenbahnstiftung***

01 138 (Neubaukessel) und 01 105 im Mai 1966 im Bw Hannover Hgbf. ***Foto: U. Montfort***

Auch die im September 1968 z-gestellte 01 104 besaß eine Glocke.
Fotos: E. Landes/Slg. Eisenbahnfreunde Hannover (2)

01 mit Glocke

Ungewöhnlich waren 01er mit Läutewerk. Bekanntermaßen wurden 1967/68 einige Maschinen des Bw Hannover Hgbf mit Glocke ausgerüstet, so die 01 104, 190, 217, 223 und 229. Offenbar wollte man die Loks damit nebenbahntauglich machen. Zum Zeitpunkt der Ausrüstung ging es dabei eher nicht um planmäßige Einsätze auf Nebenstrecken mit Läutetafeln (L) bzw. Läute- und Pfeiftafeln (LP). Ein Grund dafür könnte gewesen sein, dass es nach bzw. von Oebisfelde häufig „einseitige“ D-Zug-Leistungen gab, weshalb die Loks die Hin- bzw. Rückfahrt beispielsweise zwischen Braunschweig und Oebisfelde Lz absolvierten. Das Läutewerk ermöglichte, für die Lz-Fahrten die Nebenbahn (Vorsfelde–) Grafhorst–Velpke–Schandelah zu nutzen. Im Übrigen bespannten nach Braunschweig umbeheimatete 01 im Winter 1968/69 regulär den P 1635 Haste–Barsinghausen–Weetzen–Hannover, also über die reichlich mit LP-Tafeln ausgestattete „Deisterbahn“. Die 001 190 und 217 besaßen bekanntlich auch zu ihrer Braunschweiger Zeit noch eine Glocke.

NOCH LANGE VOLL GEFORDERT

Die Bundesbahn verlangte den 01ern Höchstleistungen ab, die in ihrer Intensität jene zur Reichsbahnzeit übertrafen. In den 1950er Jahren glänzten sie mit Langläufen über mehr als 400 Kilometer und bei einigen Bw mit laufplanmäßig über 800 Kilometern je Einsatztag. Ihre ganze Kraft entfalten mussten die Pazifiks auf der legendären „Schiefen Ebene", wo man sie bis Juni 1973 täglich erleben konnte

Im 1945/46 in bescheidenem Umfang wieder aufgenommenen Schnellzugverkehr spielten die Pazifiks zunächst kaum eine Rolle. Abgesehen von der mangelnden Verfügbarkeit aufgrund des extrem hohen Schadlokbestands war ihr Einsatz auch noch gar nicht erforderlich, da der Oberbau auf den meisten D-Zug-Strecken ohnehin nur eine Höchstgeschwindigkeit von 85 km/h zuließ. Bis 1949 konnten viele Streckenabschnitte immerhin für 100 km/h hergerichtet werden, und in diesem Zeitraum kamen auch die meisten 01 wieder in Fahrt.

Die 165 von der DB übernommenen Maschinen verteilten sich am 1. Juli 1950 auf folgende (damals noch so genannte) Eisenbahndirektionen und Bahnbetriebswerke, wobei Stückzahlen hier nur für die jeweiligen ED, jedoch leider aufgrund fehlender stichtagsgenauer Abgrenzung nicht für jedes einzelne Bw genannt werden können:

ED Essen: 18 Loks
Bw Hamm P; Paderborn (nur 01 063)
ED Frankfurt (Main): 29 Loks
Bw Frankfurt (Main) 1, Wiesbaden
ED Hannover: 45 Loks
Bw Braunschweig Hbf, Hannover Ost
ED Köln: 12 Loks
Bw Köln Bbf, Köln-Deutzerfeld
ED München: 14 Loks
Bw Treuchtlingen
ED Münster: 7 Loks
Bw Osnabrück Hbf
ED Nürnberg: 33 Loks
Bw Nürnberg Hbf, Würzburg
ED Regensburg: 7 Loks
Bw Hof

Die 01 der ED Essen, Hannover, Köln und Münster wurden durch das EAW Braunschweig unterhalten, die übrigen durch das EAW Nied. Ab 1. Dezember 1953 oblag die Unterhaltung alleine dem Ausbesserungswerk (AW) Nied. Der Bestand betrug bis 1957 konstant 165 Loks, während sich die Aufteilung auf die Bahnbetriebswerke wie auch auf die Bundesbahndirektionen verschob.

Zu einer wichtigen 01-Dienststelle entwickelte sich um 1950 das Bw Osnabrück Hbf, jedoch traten hier 1955 die 01^{10} die Nachfolge an. Die Kölner 01 wurden zum Sommerfahrplan 1952 beim Bw Köln Bbf konzentriert. Im Herbst 1952 erschien die 01 wieder beim zur BD Karlsruhe gehörenden Bw Offenburg, um dort zusammen mit neu zugeteilten 01^{10} auf der Rheintalstrecke Mannheim/Heidelberg – Basel bisher der Baureihe 03^{10} anvertraute Schnellzugleistungen zu übernehmen. Freilich konnte das Bw Offenburg bereits im Sommer 1957, mit Aufnahme des durchgehenden elektrischen Betriebs zwischen Karlsruhe und Basel, auf die Pazifiks verzichten.

1953 endete die 01-Beheimatung in Wiesbaden, lebte jedoch im Sommer 1958 wieder auf, weil die traditionelle Hochburg Frankfurt (Main) 1 nun die meisten Loks nach Wiesbaden abgab. Ihr wichtigstes Betätigungsfeld fanden die Wiesbadener Maschinen bis 1961 auf der rechten Rheinstrecke über Beuel. Seit 1954 dem Bw Koblenz-Mosel und damit erstmals der Bundesbahndirektion Mainz zugeteilte Maschinen dampften hingegen bis 1959 vor allem auf der linken Rheinstrecke über Bonn, wobei sie Durchläufe zwischen Frankfurt (Main) und Dortmund absolvierten. Auf der Moselstrecke beförderten Koblenzer 01 zumindest im Sommer 1959 planmäßig das Zugpaar D 228/227 „Montan-Expreß" von Koblenz bis Luxemburg und zurück. Mit Elektrifizierung der rechten Rheinstrecke im Jahr 1962 wurden die 01er beim Bw Koblenz-Mosel verzichtbar.

Die wenigen nach 1950 beim Bw Dortmund Bbf betreuten 01 standen lange im Schatten der 03^{10}, erst ab 1958/59 gewannen die 01er in Dortmund die Oberhand. Beim Bw Paderborn hielt 1958/59 eine stattliche Anzahl 01 Einzug, um ebenfalls die „Drillinge" abzulösen. Dafür mussten die seit 1955 beim Bw Hagen-Eckesey (BD Wuppertal) stationierten 01 im Herbst 1958 größtenteils den neu bekesselten 03^{10} weichen. Beim Bw Hamm P erwuchs den Schnellzugdampfloks

01 149 und 01 003 sind im Juni 1957 in Köln Hbf eingetroffen.
Foto: H. Säuberlich

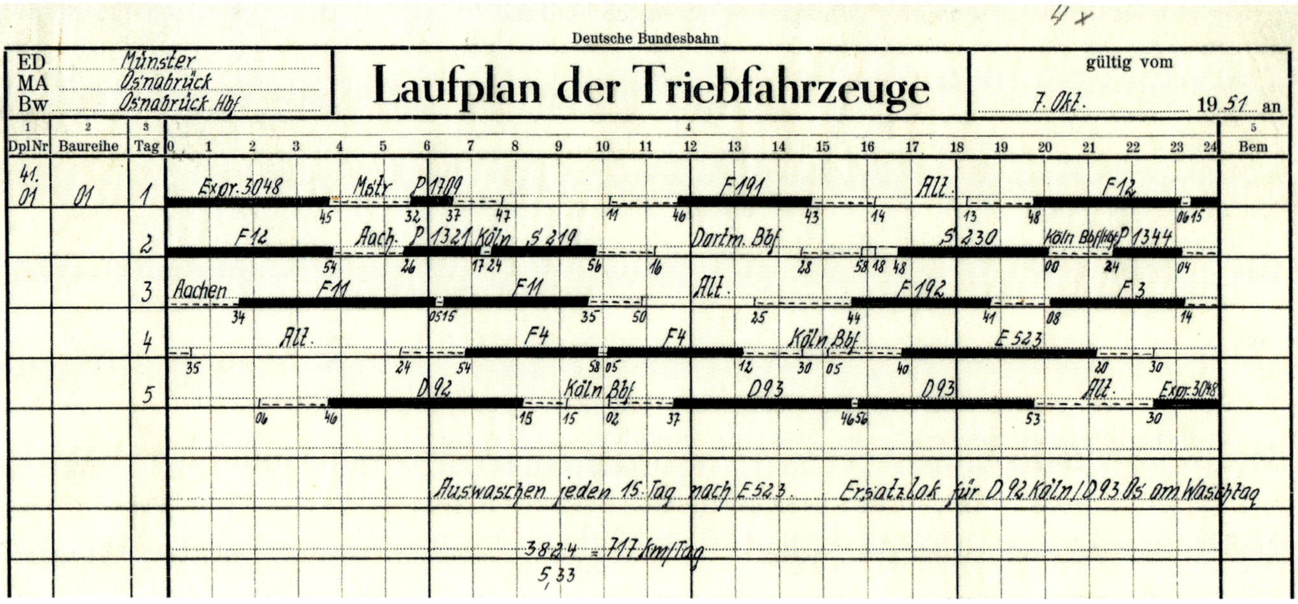

01-Laufplan des Bw Osnabrück Hbf vom 7.10.1951 mit fünf Tagen und 3824 km (im Plantag 3 der F 11 Aachen–Hamburg-Altona). *Abb.: Slg. Krug*
RECHTS: Mit dem „Rheingold" aus Basel trifft eine 01 im Jahr 1951 im Kölner Hauptbahnhof ein. *Foto: H. Säuberlich*

unterdessen ab 1957 ernsthafte Konkurrenz in Gestalt der V 200. Die Dieselloks nahmen den „Dampfern" viele hochwertige Reisezugleistungen auf der Rollbahn zwischen dem Rhein-Ruhr-Gebiet und Hannover (– Braunschweig) ab, von der sie schließlich auch die Hannoveraner 01 weitgehend verdrängten. Allerdings wuchs der 01-Bestand des Bw Hannover Ost im Jahr 1958 durch (teils im Tausch gegen 03 erfolgte) Umbeheimatungen aus Braunschweig zunächst einmal noch auf 40 bis 42 Maschinen an!

Hinsichtlich der Laufleistungen erreichten die 01 in den 1950er Jahren den Zenit ihrer Karriere. Durchschnittliche Tageswerte von mehr als 600 km waren ab 1951 keine Seltenheit. Ab 1952 stellten einige Bahnbetriebswerke für die 01 sogar Laufpläne mit im Schnitt mehr als 800 km je Einsatztag auf.

Spitzenreiter waren

1952: Bw Hannover Ost	837 km/Tag
1953: Bw Osnabrück Hbf	847 km/Tag
1954: Bw Osnabrück Hbf	836 km/Tag
1955: Bw Hannover Ost	818 km/Tag
1957: Bw Hannover Ost	874 km/Tag
1958: Bw Hannover Ost	918 km/Tag (!)
1959: Bw Hannover	810 km/Tag
1961: Bw Kassel	882 km/Tag

Bis Anfang der 1960er Jahre glänzten die 01 auch mit planmäßigen Langläufen über 400 km. Maschinen des Bw Osnabrück Hbf bespannten von 1951 bis 1955 das Zugpaar F 11/12 „Nord-Expreß" auf der 524 km langen Route Aachen – Köln – Hamburg und zurück, außerdem standen für sie in diesem Zeitraum Durchläufe Hamburg – Köln (478 km) auf dem Programm. Mehr als 400 km weit am Zug blieben Loks des Bw Würzburg von 1952 bis 1957 in der Relation Frankfurt (Main) – München (414 km), des Bw Hannover Ost 1954/55 zwischen Bebra und Wilhelmshaven (408 km), des Bw Köln Bbf 1956/57 auf der Strecke Mannheim – Arnheim (421 km) sowie des Bw Koblenz-Mosel 1958 zwischen Ludwigshafen und Münster (430 km).

Der Bespannungsübersicht für alle Schnell- und Eilzüge der Deutschen Bundesbahn vom Sommer 1955 sind noch 01-Langläufe über deutlich mehr als 500 km zu entnehmen. Lokomotiven des Bw Hamm beförderten den D 502 von Braunschweig über Düsseldorf – Neuß nach Köln und liefen mit dem ab Köln als D 501 verkehrenden Zug weiter bis Hamm, dabei ergab sich ein Lokdurchlauf von insgesamt 547 km. Treuchtlinger Maschinen bespannten einmal wöchentlich das Militärschnellzugpaar Db 80667/668 in der 551 km langen Relation Treuchtlingen – Mönchengladbach und zurück.

Erinnert sei ferner an den Durchlauf der Kölner 01 vor dem berühmten „Rheingold" zwischen Mannheim und Dortmund (374 km): Dabei zog die Lok von Mannheim bis Köln den aus Basel kommenden

Stammzug F 9 und ab Köln den Flügelzug F 21 nach Dortmund. Laut Bespannungsübersicht der DB vom Sommer 1955 brachte eine Offenburger 01 den F 9 von Basel Bad Bf bis Mannheim. Die Weiterbeförderung des „Rheingold"-Stammzuges ab Köln in Richtung Hoek van Holland oblag interessanterweise bis Venlo einer 23er des Bw Mönchengladbach.

Schon 1957/58 mussten die 01 erste gravierende Leistungseinbußen hinnehmen. Zum einen erreichte der Fahrdraht von Nürnberg und von Mannheim aus Frankfurt (Main) bzw. Mainz, was das Einsatzgebiet der Nürnberger, Würzburger und Frankfurter Maschinen erheblich beschnitt. Zum anderen lösten die ab 1957 in Serie gelieferten V 200 die Pazifiks nicht nur vor leichten F-Zügen nun fast vollständig ab, sondern drangen auch in den mittelschweren und schweren Schnellzugdienst vor. Dies ging vor allem auf der Nord-Süd-Strecke Hamburg/Bremen – Hannover – Frankfurt/Würzburg und (wie schon erwähnt) auf der Rollbahn Rhein-Ruhr-Gebiet – Hannover zu Lasten der 01. Eine weitere Zäsur folgte im Mai 1959: Nach Elektrifizierung der linken Rheinstrecke bis Köln Hbf und Schließung der Fahrdrahtlücke zwischen Köln und Düsseldorf konnte von Süddeutschland bis ins Ruhrgebiet durchgehend elektrisch gefahren werden. Auf den 01-Bestand insgesamt wirkte sich der Strukturwandel in der Zugförderung aber noch nicht aus, da sich für die in bisherigen Hochburgen entbehrlich gewordenen Maschinen anderswo neue Aufgaben fanden. Ausgemustert wurden 1957/58 nur die von Rahmenbrüchen betroffenen 01 042 (mit Henschel-Mischvorwärmer) und 01 101. Wahrscheinlich ebenfalls ein Rahmenbruch beendete im Oktober 1958 abrupt den Einsatz der 01 001, sie schied im Februar 1959 aus dem Bestand.

Essen Hbf: Bahnsteigszene um 1950 mit 01 180. ***Foto: BD Essen/Slg. Hütter***

Obwohl die 01 001 bereits z-gestellt war, unterhielt das AW Nied am 31. Dezember 1958 offiziell noch 163 Loks, die sich auf nachstehende, in alphabetischer Reihenfolge genannte Bahnbetriebswerke verteilten: Darmstadt (2 Loks), Dortmund Bbf (6), Frankfurt (Main) 1 (6), Hagen-Eckesey

01 108 nach einer Flankenfahrt in Hamburg-Altona am 4. November 1954. *Foto: DB/Slg. Griebl*

Heidelberg: 01 229 mit E 559 am BÜ Rohrbacher Straße (1955). *Foto: H. Röth/Eisenbahnstiftung*

(1), Hamm P (11 zuzüglich 01 001 z), Hannover (40), Hof (10), Koblenz-Mosel (11), Köln Bbf (21), Nürnberg Hbf (7), Paderborn (10), Regensburg (1), Stuttgart (5), Treuchtlingen (12), Wiesbaden (8) und Würzburg (11).

Die 01-Hochburg schlechthin war nach wie vor das Bw Hannover, nunmehr ohne den Zusatz Ost im Namen. Die Bw Darmstadt und Regensburg beherbergten 1958/59 einzelne 01 für Reserve- und Sonderdienste, beim Bw Frankfurt (Main) 1 stand die Auflösung des Bestands unmittelbar bevor. Von November 1957 bis Mai 1959 währte das Gastspiel weniger 01 beim Bw Stuttgart, das sie planmäßig nach Würzburg, Nürnberg und Bayreuth einsetzte. Der Hofer Bestand war 1957 aufgrund des Abzugs der letzten dort noch stationierten bayerischen S 3/6 angestiegen. Zum Würzburger Bestand zählten seit 1954 die fünf mit Henschel-Mischvorwärmern ausgerüsteten Loks; davon verblieben Ende 1958 (nach Ausmusterung der 01 042) noch die 01 046, 112 und 154 sowie die jüngst mit einem Neubaukessel bestückte 01 192. Diese vier Maschinen wechselten 1959/60 zum Bw Nürnberg Hbf, wo man die 01 046 als letzte Vertreterin der frühen Umbauversion am 29. Mai 1967 z-stellte.

Ihre ab 1958 neu bekesselten 01 wies die DB u.a. den Bw Hannover, Hof, Nürnberg Hbf, Paderborn und Treuchtlingen zu. Fast überall wurden sie zusammen mit Altbaukesselloks eingesetzt, so auch bei den in den 1960er Jahren erstmals oder wieder mit

Bahnhof Bühl (Baden) im Mai 1954: 01 019 und 38 3830 mit E 534 sowie Lok 1 der DEBG. *Fotos: C. Bellingrodt/Bildarchiv der Eisenbahnstiftung (2)*

01 039 mit dem Wegmann-Zug als F 56 „Blauer Enzian“ nach München bei Elm (1954).

der Baureihe 01 bedachten Bahnbetriebswerken Osnabrück Hbf (ab 1960), Gießen (ab 1961), Rheine (ab 1962) und Kaiserslautern (ab 1963). Das Bw Osnabrück Hbf verfügte dann allerdings 1963/64 nur noch über Umbau-01, dito von 1965 bis 1968 das Bw Rheine und von 1967 bis 1970 das Bw Paderborn. Einige Rheiner Lokomotiven, darunter auch solche mit Neubaukessel, waren wegen der kurzen Drehscheiben in Hengelo/NL und Oldenzaal/NL mit dem Tender 2'2 T 30 gekuppelt.

Nach Abschluss des Umbauprogramms und weiteren Ausmusterungen älterer Maschinen unterhielt das AW Nied Ende 1961 noch 156 Loks, davon 106 mit Altbaukessel. Im Jahr 1962 verminderte sich der Unterhaltungsbestand auf 149, ausgemustert wurde aber nur die Hofer 01 241 (ehemals

01 011 (Bw Hagen-Eckesey) auf der Klappbrücke in Emden (1961). *Foto: W. Hollnagel*

02 004). Zwar musste die 01 weitere Leistungen an Elloks abtreten, z.B. auf der nun bis Köln elektrifizierten rechten Rheinstrecke und auf dem Streckenabschnitt Ingolstadt – Treuchtlingen. Andererseits zwang die durch schwere Getriebeschäden hervorgerufene „V 200-Krise" zum Rückgriff auf Schnellzugdampflokomotiven. Beim Bw Hamm lebte der 1959 zum Erliegen gekommene 01-Einsatz deshalb 1961 für mehrere Monate und für einige Wochen auch 1962 wieder auf.

Am 31. Dezember 1962 verteilten sich die 155 bei der DB noch vorhandenen Exemplare der Baureihe 01 auf die Bw Dillenburg (6 Loks), Dortmund Rbf (5), Gießen (15 + 1z), Hagen-Eckesey (6 + 2z), Hannover (36), Hof (15 + 1z), Kassel (7), Köln Bbf (5), Ludwigshafen (13), Nürnberg Hbf (9), Osnabrück Hbf (8), Paderborn (9), Rheine (7), Treuchtlingen (12 + 1z) und Würzburg (2).

1960/61 hatten 01 in Gießen die Nachfolge der P 10 angetreten, desgleichen zum Winterfahrplan 1962 in Dillenburg – bei beiden Bw hielten sie sich nur bis 1965. Der neuntägige Gießener Laufplan vom Winter 1962/63 sah einen Tag Zugleistungsbereitschaft in Frankfurt (Main) vor, den man in diesem sehr strengen Winter für einen bemerkenswerten Einsatz nutzte: In den Nächten von Samstag auf Sonntag lief die 01 hinter einer E 10 als Heizlok im aus mindestens 13 Wagen gebildeten F 212/211 „Italia-Expreß" bis Basel Badischer Bahnhof und retour! Der Grund für diesen außer durch Berichte von Lokführern auch durch Ausschlacklisten des Bw Haltingen belegten Einsatz ist nicht bekannt. Vielleicht waren in dem Zug an Wochenenden ältere, wegen abweichender Heizspannung in Deutschland nur mit Dampf beheizbare FS-Wagen eingereiht.

Beim Bw Kassel hatten die hier erneut heimisch gewordenen Zweizylinderloks ab 1959 teilweise ihre dreizylindrigen Schwestern der Baureihe 01^{10} verdrängt, sie muss-

Hengelo 1963: 01 058 mit D 191. *Foto: J. Dub/Eisenbahnstiftung*

ten jedoch nach vollständiger Elektrifizierung der Nord-Süd-Strecke im Frühjahr 1963 den nun in Bebra entbehrlichen 01^{10} Platz machen. Die letzten Osnabrücker 01 räumten 1964 ebenfalls zugunsten der „Drillinge" das Feld. Die klassischen Heimatdienststellen Köln Bbf und Treuchtlingen lösten ihre 01-Bestände 1964 bzw. 1965 auf, vereinzelt noch bis 1966 in Würzburg stationierte Maschinen dienten lediglich dem Turnus- und Sonderverkehr. Im Jahr 1967 schlug auch beim Bw Nürnberg Hbf die Abschiedsstunde. Nur kurz währte die zwischenzeitliche 01-Beheimatung in Lindau (1964/65 als Ersatz für abgestellte Umbau-S 3/6 alias 18^{6}) und in Mühldorf (1965 bis 1967). Etwas länger hielt sich die Baureihe 01 ab 1965 beim Bw Augsburg.

Ehe wir zur Schlussphase kommen, noch ein Schwenk nach Norddeutschland: In der Hochburg Hannover waren viele 01 schon im Mai 1963 brotlos geworden, als der Fahrdraht von Süden her die niedersächsische Landeshauptstadt erreicht hatte. Einige fanden beim Bw Bremen Hbf eine neue Beschäftigung. Weitere Leistungseinbußen brachte die Elektrifizierung von Hannover nach Bremen (Dezember 1964) und Hamburg (April 1965) mit sich, die verbliebenen Loks verlegte man 1966 zum Bw Hannover Hgbf.

Die letzten Refugien

Am 1. Juni 1966 zählten noch 103 Lokomotiven der Baureihe 01 zum Unterhaltungsbestand, genau ein Jahr später lediglich 57. Laut Verfügung der Zentralstelle für den Werkstättendienst (ZW) vom 12. Mai 1967 durften nur noch 01 mit Neubaukessel eine „Hauptuntersuchung" nach Schadgruppe L3 erhalten, und dies auch nur mit Zustimmung der Oberbetriebsleitung (OBL). Altbaukessel-Maschinen sollten dagegen generell auslaufen. Lange gültig blieb diese Verfügung jedoch nicht. Ab Herbst 1967 wurden an Neubaukessel-01 nur noch L2-Untersuchungen genehmigt, ab 1969 dann doch auch wieder an Maschinen mit Altbaukessel. Nach Schließung des AW Nied und Aufgabe der zeitweiligen Unterhaltung im AW Schwerte ging die Zuständigkeit für die Baureihe 01 im Jahr 1967 auf das AW Lingen über.

Am 1. Januar 1968 führte die DB das EDV-gerechte Nummernschema ein. Zu diesem Zeitpunkt waren noch 70 nunmehr als 001 eingereihte Lokomotiven im Einsatzbestand, davon 38 mit Altbau- und 32 mit Neubaukessel. Weitere 18 Loks zählten zum z-Park. Hier die Verteilung: Augsburg (3 Loks + 1z), Bremen Hbf (4 + 2z), Hannover Hgbf (12 + 1z), Hof (20 + 5z), Lehrte (1), Nürnberg Rbf (7 z-gestellte Loks), Paderborn (8 + 1z), Rheine (6 + 1z) und Trier (16). Diese Angaben basieren auf dem EK-Special „Die DB 1968". Laut einer älteren EK-Broschüre über die Baureihe 01 von Hansjürgen Wenzel können 68 am 1. Januar 1968 noch nicht z-gestellte Loks (davon 36 mit Altbaukessel) als umgezeichnet gelten.

Bremer 001 beförderten noch planmäßig Eil- und Personenzüge auf der Rollbahn zwischen Hamburg und Osnabrück. Die Hannoveraner Maschinen wurden in einem Drei-Tage-Plan hauptsächlich durch das Bw Altenbeken im Eilzugdienst nach Osnabrück (via Herford) und Hannover eingesetzt. Von Hannover aus bespannten sie wegen Diesellokmangel quasi planmäßig D-Züge bis Helmstedt und Oebisfelde (DDR) sowie Eilzüge nach Braunschweig und Bad Harzburg. Ferner konnte man die Maschinen vor Messesonderzügen antreffen. Zusätzlich zum eben erwähnten Drei-Tage-Plan galt ab 26. Mai 1968 für die 001 des Bw Hannover Hgbf offiziell ein zweitägiger „Sonderdienstplan": Am Tag 1 brachten sie den nächtlichen D 117 von Hannover nach Oebisfelde, von dort einen Güterzug nach Wolfsburg, dann den P 1864 von Wolfsburg nach Hannover und als Starleistung den D 430 „Fehmarn" von Hannover bis Hamm! Nach einer Bedarfsleistung – in der Regel mit dem D 117 – zurück nach Hannover waren am Tag 2 die Eilzüge 1690 und 667 von Hannover nach Bad Harzburg und zurück zu befördern.

Das Bw Paderborn beschäftigte seine durchweg neu bekesselten 001 planmäßig noch im Schnell- und Eilzugdienst auf der Route Dortmund/Hamm – Paderborn – Kassel, mit Eilzügen wurden via Altenbeken regulär Northeim und Göttingen erreicht. Mit Entlastungs- und Sonderzügen sowie sporadisch als Dieselersatz kamen die Paderborner Maschinen auch noch in der Relation Hamm – Hannover zum Einsatz. Die Zweizylinder-Pazifiks des Bw Rheine (ebenfalls alle mit Neubaukessel) besorgten zusammen mit den 01^{10} Kohle bzw. 011 den Schnell- und Eilzugverkehr auf der Strecke Münster – Emden – Norddeich Mole. Die sämtlich mit Altbaukesseln bestückten Trierer 001 dampften vor D-, E- und P-Zügen zwischen Köln und Saarbrücken (also auf der Eifelstrecke) sowie entlang der Mosel bis Koblenz. Beim Bw Augsburg wurden für kurze Zeit noch drei betriebsfähige Altbaukessel-01 nur für Sonderleistungen vorgehalten.

Das Bw Hof benötigte auch über das Jahr 1968 hinaus laufplanmäßig zwölf Maschinen für Schnell-, Eil- und Personenzüge auf den Strecken von Hof nach Bamberg und Regensburg sowie für Schnellzüge auf der Route über Marktredwitz nach Nürn-

01 073 (Bw Trier) mit E 575 nach Westerland in Wetzlar (19.12.1965). ***Foto: U. Montfort***

01 079 (Bw Trier) dampft am 23. Oktober 1965 mit E 132 (Karlsruhe–Saarbrücken) bei Wilgartswiesen Richtung Pirmasens Nord. *Foto: K. G. Baur*

01 111 hat am 9. Mai 1967 mit dem D 152 (Köln–Saarbrücken) die Eifel durchfahren und wird gleich den Bahnhof Ehrang erreichen. *Foto: T. Dorrity*

berg. Ansonsten sollten die 001 nach dem Sommer 1968 keine Plandienste mehr verrichten. Jedoch blieben einige zum Fahrplanwechsel am 29. September von Bremen und Hannover Hgbf zunächst nach Lehrte, dann am 8. Oktober 1968 nach Braunschweig umstationierte Lokomotiven weiterhin für zahlreiche „Sonderdienste" (als solche deklariert auch faktisch planmäßige Dieselersatzleistungen) unter Dampf. Der zweitägige Sonderdienstplan vom Winter 1968/69 enthielt neben D-Zügen zwischen Hannover und Helmstedt sowie Oebisfelde unter anderem den die Nebenbahn Haste – Weetzen befahrenden P 1635 Haste – Barsinghausen – Hannover.

Die 001 190 und 217 mit Neubaukessel standen dem Bw Braunschweig sogar noch bis Frühjahr 1971 für den „Dieselersatzverkehr" und Sonderdienste zwischen Hannover und Helmstedt sowie zwischen Braunschweig und Goslar/Bad Harzburg zur Verfügung! Vor allem die 001 217 erledigte eine spezielle Aufgabe: Sehr häufig brachte sie mit dem nächtlichen „Ost-West-Express" D 240 in Braunschweig angekommene Russlanddeutsche in einem meist aus zwei Schnellzugwagen gebildeten Sonderzug zum Aufnahmelager in Friedland (südlich von Göttingen). Übrigens gilt die am 21. Mai 1971 z-gestellte 001 217 als letzte aktive Braunschweiger 01. Offiziell noch länger war aber die 001 190 in Braunschweig beheimatet, freilich schon seit April 1971 an das Bw Hof verliehen. Mitte Juli kehrte die 001 190 für Filmaufnahmen des Britischen Fernsehens (BBC) nach Braunschweig zurück, am 23. Juli 1971 kam sie endgültig zum Bw Hof, wo sie knapp vier Wochen später z-gestellt wurde.

Als „eiserne Reserve" und für Hilfszug-Einsätze behaupteten sich drei 001 bis weit ins Jahr 1970 hinein beim Bw Paderborn. Die 001 227 gelangte Ende Juni 1970 zum Bw Hamburg-Altona, um in der Sommersaison für ausgefallene 012 auf den Strecken nach Kiel und Flensburg in die Bresche zu springen.

Das Bw Rheine hatte seine letzten 01er – noch ehe es zum Winterfahrplan 1968/69 ölgefeuerte 01^{10} (012) erhielt – im Juli/August 1968 abgestellt. Von den sechs Anfang 1968 noch einsatzfähigen Maschinen überlebte nur die im April 1968 zum Bw Hof gewechselte 001 187 das Ende der 01-Ära in Rheine. Das Bw Trier gab seine letzten vier betriebsfähigen 001 im Herbst 1968 nach Ehrang ab, von denen die 001 073 noch bis Februar 1971 dort verblieb. Im Übrigen tauschte das Bw Ehrang abgestellte oder nach Hof abgegebene Maschinen durch neu zugewiesene aus, darunter die kurzzeitig in Hamburg-Altona beheimatete 001 227. Wegen des auch durch den Konjunkturaufschwung bedingten Diesellokmangels wurden ab November 1969 zwei 001 laufplanmäßig vor Schnell-, Eil- und Personenzügen auf der Moselstrecke Trier – Koblenz eingesetzt, zeitweilig kamen sie bis Saarbrücken.

Der Ehranger Plandienst hielt sich bis Januar 1972. Am 17. Juni 1972 wechsel-

Die Trierer 01 123 überquert mit dem D 226 (Koblenz – Luxemburg – Paris) am 4. September 1966 die Moselbrücke bei Güls. ***Foto: R. Gumbert***

Bw Augsburg 1966: Dreharbeiten der Augsburger Puppenkiste (hinten 01 071). *Foto: DB*

ten die noch betriebsfähigen 001 150 und 227 zum Bw Hof, der nunmehr einzigen 01-Bastion bei der Deutschen Bundesbahn. Der Einsatzbestand umfasste jetzt noch die sieben Altbaukesselloks 001 008, 088, 111, 150, 168, 173, 202 und die acht Neubaukesselloks 001 103, 131, 180, 181, 187, 192, 211 und 227. Zum z-Park gehörte neben den neu bekesselten 001 126 und 229 die am 5. Juni 1972 im AW Braunschweig z-gestellte 001 234 (ex 02 003). Dagegen war die 001 008 (dienstälteste 01) nach einer Rahmenreparatur in der Ausbesserungswerkstätte Lingen im März 1972 nach Hof zurückgekehrt. Das Schicksal meinte es mit ihr offenbar besonders gut: Bereits seit Dezember 1968 z-gestellt, hatte die 001 008 im Sommer 1970 überraschenderweise in Lingen eine L2-Untersuchung erhalten – zu Zeiten der verkehrsbelebenden Hochkonjunktur, die vielen Dampfloks das Leben verlängerte. Übrigens führte auch das zuletzt zuständige AW Braunschweig an Loks der Baureihe 001 noch über L0-Bedarfsausbesserungen hinausgehende Arbeiten durch, so erhielt die 001 173 im Mai 1972 eine Zwischenuntersuchung nach Schadgruppe L0.2.

Nach z-Stellung der 001 192 am 8. Juli 1972 verfügte das Bw Hof noch über 14 Maschinen zur Abdeckung des Planbedarfs von zehn 001 für Schnellzüge (D 853/854), Eil- und Nahverkehrszüge auf der Strecke Hof – Lichtenfels – Bamberg sowie für Nahverkehrszüge zwischen Hof und Regensburg (hier meist auf Teilabschnitten). Im Winter 1972/73 wurden sechs 001 – überwiegend solche mit Altbaukessel – planmäßig mit den D-, E- und N-Zügen zwischen Hof und Bamberg beschäftigt. Als hochwertigste Züge in dieser Relation sahen viele Eisenbahnfreunde die E 658/659 „Frankenland“ an, es handelte sich ja um die letzten mit 01ern bespannten Namenszüge. Als „D“ qualifiziert war dieses Hof mit Saarbrücken verbindende Zugpaar aber nur im Abschnitt Würzburg – Saarbrücken. Den Drei-Tage-Plan mit N-Zügen auf der Route Hof – Weiden – Regensburg bestritten meist Neubaukesselloks.

Für den auf insgesamt neun Loks abgesunkenen Planbedarf standen nach z-Stellung der 001 181 am 1. November 1972 noch 13 Maschinen zur Verfügung. Ein außerdem für die Baureihen 001 und 050 bis 053 aufgestellter Mischplan mit Nahverkehrszügen zwischen Feilitzsch (an der DDR-Grenze) und Weiden wurde meistens mit 50ern gefahren. Durch z-Stellung der 001 202 und aller Neubaukesselloks mit Ausnahme der 001 131 verminderte sich der Einsatzbestand im Zeitraum Januar bis Mai 1973 auf sieben Lokomotiven, so dass auch fast alle Nahverkehrszugleistungen im reinen 001-Plan auf die 50er übergingen.

In der Relation Bamberg – Hof mussten die Pazifiks auf der „Schiefen Ebene“ zwischen Neuenmarkt-Wirsberg und Marktschorgast ihr ganzes Können unter Beweis stellen. Auf ca. 7,5 km Länge war hier ein Höhenunterschied von 158 m zu überwinden, davon etwa 5,5 km mit einer Steigung von 1:40 entsprechend 25 ‰. Tausende von Eisenbahnfreunden aus aller Welt genossen das Spektakel schwer arbeitender 01-Lokomotiven, wie sie mit weit ausgelegter Steuerung und donnernden Auspuffschlägen die teils in den Fels gehauene und

Langeland, 30.8.1968: 01 229 mit E482 nach München. *Foto: R. Gumbert*

001 217 mit Lr aus Friedland (Han) in Braunschweig (1970). *Foto: Slg. Ernst*

Im Pegnitztal bei Rupprechtstegen: Die 001 234 war am 6. Januar 1971 nach Hof unterwegs. *Foto: J. Peisker/Bildarchiv der Eisenbahnstiftung*
UNTEN: Hof war die letzte 01-Hochburg der DB: 001 008 verlässt im November 1972 Hof in Richtung Bamberg. *Foto: J. Pohlmann/Slg. Koschinski*

von hohen Mauern abgestützte Rampe erklommen. Die Grenzlast für die 001 betrug hier 220 t. Schwerere Züge – d.h. mit mehr als fünf D-Zug-Wagen – erforderten entweder zwei 001er (zuletzt planmäßig bei E 1649) oder Schiebelokomotiven (zuletzt der Baureihen 211/212 oder 260/261).

Bis zum 2. Juni 1973 waren die 001 täglich auf der „Schiefen Ebene" zu erleben, in den letzten Monaten fast ausschließlich Lokomotiven mit Altbaukessel, die hier anders als die Neubaukesselloks nicht zum „Wasserüberreißen" in die Zylinder neigten. Mit dem Einsatz der 001 168 vor dem E 1799 von Lichtenfels nach Hof ging die Ära des 01-Plandienstes über die berühmte Steilrampe zu Ende. Einen Tag nach dem Fahrplanwechsel wurden die 001 088, 168 und mit der 001 131 die letzte Neubaukessellok am 3. Juni 1973 z-gestellt. Für die im Einsatzbestand verbliebenen 001 008, 111, 150 und 173 gab es im Sommer 1973 einen eintägigen Umlauf mit N 3215/3228 zwischen Hof und Regensburg. Gelegentlich dampften die Maschinen als 218-Ersatz aber auch noch über die „Schiefe Ebene". Nach Ablauf des Sommerfahrplans am 29. September 1973 standen die vier Loks noch für Sonderleistungen zur Verfügung, Anfang November schieden sie aus dem Betriebspark aus. Die 001 111 blieb auch über den Jahreswechsel hinaus im Hofer z-Bestand und wurde als letzte DB-01 erst am 6. März 1974 ausgemustert. ❑

AUF HOCHLEISTUNG GETRIMMT

Die Langrohrkessel Wagner'scher Bauart erwiesen sich als unvorteilhaft. Um auf nichtelektrifizierten Hauptbahnen die Fahrzeiten kürzen zu können, entschloss sich die Bundesbahn Mitte der 1950er Jahre, fast alle ihrer 130 km/h schnellen 01 (Baujahr 1934 und jünger) mit neu konzipierten Kesseln auszurüsten

Das Bessere ist der Feind des Guten. So herum hat es der große französische Aufklärer Voltaire formuliert, doch gilt ja auch die Spruchweisheit: Das Gute ist der Feind des Besseren, denn wer sich mit dem Erreichten zufriedengibt, gar aus Prinzipienreiterei stur daran festhält, steht dem Fortschritt im Weg.

Der als „Vater der Einheitsloks" durchaus sehr verdienstvolle Richard Paul Wagner, für Dampf- und Motorlokomotiven verantwortlicher Bauartdezernent im Reichsbahn-Zentralamt Berlin, beharrte selbst dann noch auf seinen Konstruktionsprinzipien, als deren Schwächen längst offen zutage lagen. Dabei waren die meisten Einheits-Dampflokomotiven des Typenprogramms von 1925 grundsolide Zugpferde, viele ihrer standardisierten Bauteile optimal konstruiert. Unter anderem hatten sich aber die Proportionen des in großen Maschinen wie der 01 eingebauten Wagner'schen Langrohrkessels als thermisch unvorteilhaft herausgestellt. Während Wagner nach dem Motto „Viel bringt viel" unbeirrt den Standpunkt vertrat, man müsse durch möglichst lange Heiz- und Rauchrohre die Wärmeenergie der Rauchgase bestmöglich ausnutzen, reifte unter dem Einfluss ausländischer Konstrukteure die Erkenntnis, dass es weit günstiger sei, durch den Einbau von Verbrennungskammern – eine Verlängerung des oberen Teils der Feuerbüchse in den Langkessel hinein – die hochwertige Strahlungsheizfläche zu vergrößern. Zur Perfektion auch in puncto Thermodynamik des Kessels trieb die Dampflokomotive der französische Konstrukteur André Chapelon, freilich waren „seine" hochgezüchteten Maschinen mit komplizierten Verbund-Triebwerken sehr wartungsintensiv. Sie wurden von mit den Eigenheiten der jeweiligen Lok eng vertrauten Stammpersonalen gefahren und betreut. Ob sie wohl den kilometerintensiven Einsatz in Dienstplänen mit „wild" wechselndem Personal, wie ihn die DB tagein, tagaus beispielsweise der 01 zumutete, vertragen hätten? Zweifel daran sind angebracht.

Theodor Düring, von 1948 bis 1961 Chef des Lokomotiv-Versuchsamtes in Göttingen bzw. Minden, mag in seinem Buch „Die deutschen Schnellzug-Dampflokomotiven der Einheitsbauart" die Chapelon'schen Maschinen über Gebühr als den Wagner'schen Loks haushoch überlegen gepriesen haben. Auch ist seine Kritik an der 01 (und noch mehr an der 03) teils offenbar von persönlichen Animositäten geprägt. Doch sicher zu Recht hob Düring hervor, dass es erst in der Zeit nach 1950 gelang, aus manchen Einheitslokomotiven noch wirklich gute Maschinen zu machen. Und er betonte, dass dies vor allem das Verdienst von Friedrich Witte war, dem letzten Bauartdezernenten für Dampflo-

Die 001 181 erhielt im Mai 1960 einen Neubaukessel (Bw Nürnberg Rbf, 1970).
Foto: J. Nelkenbrecher

001 181-7

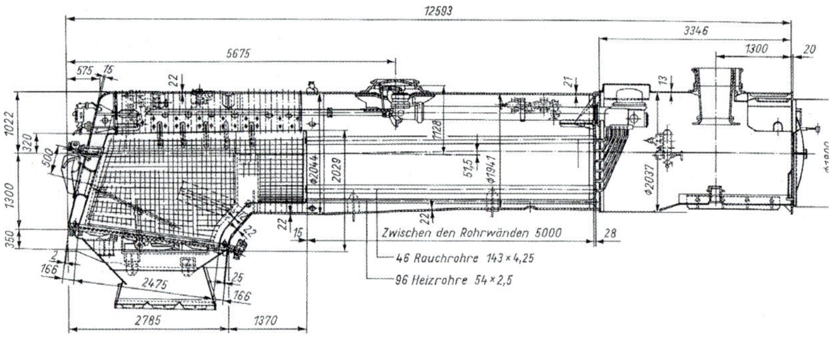

Hochleistungskessel der DB für die Baureihe 01. ***Zeichnung: W. Dietmann***

komotiven beim Bundesbahn-Zentralamt Minden. Mit seinen neuen Baugrundsätzen warf Witte viele Dogmen der Ära 1925 bis 1941 über Bord. Insbesondere setzte er für hohe Leistungen besser dimensionierte Kessel mit einem großen Anteil hochwertiger Strahlungsheizfläche durch.

Ehe die DB – in Anlehnung an die bei ihren Neubauloks realisierten Prinzipien – auch für noch unter Wagners Ägide entstandene Einheitsloks (und bayerische S 3/6) komplett neue Kessel entwickeln ließ, erhielten bereits 1950/51 unter anderen fünf Maschinen der Baureihe 01 Hinterkessel mit Verbrennungskammern. Der die Ausrüstung mit Henschel-Mischvorwärmern einschließende Umbau der 01 042, 046, 112, 154 und 192 ist bereits im Kapitel über die Technik der Bundesbahn-01 beschrieben.

Wegweisende 01^{10}-Kessel

Im Jahr 1952 leitete die Deutsche Bundesbahn die Neubekesselung der dreizylindrigen 01^{10} in die Wege, da vor allem bei diesen betrieblich hoch beanspruchten Loks vermehrt Rissbildungen an den aus St-47-K-Stahl gefertigten Ursprungskesseln auftraten. Die von der Henschel & Sohn GmbH hergestellten Ersatzkessel für die Baureihe 01^{10} entsprachen den bei den Kesseln der Neubaulokomotiven angewandten Konstruktionsprinzipien und waren auch für die Baureihe 10 vorgesehen. Von 1953 bis 1956 rüstete das AW Braunschweig 53 Maschinen der Baureihe 01^{10} mit Neubaukesseln aus (die zwischenzeitlich mit einem alterungsbeständigen 01-Kessel bestückte 01 1095 erst 1962).

Außer den für den Ersteinbau bestimmten Dampferzeugern bestellte die DB 1955 für die 01^{10} drei (später in die 01 1085, 1097 und 1103 eingebaute) Tauschkessel, deren Abmessungen man ganz im Sinne Wittes noch konsequenter auf sparsamen Brennstoffverbrauch einerseits, Höchstleistungen andererseits trimmte. Ihre Verdampfungsheizfläche wurde nochmals verkleinert, die Überhitzerheizfläche hingegen durch zusätzliche sowie verlängerte Überhitzerelemente vergrößert. Somit können diese Dampferzeuger als Prototypen für die 01-Hochleistungskessel gelten.

Obwohl die Ursprungskessel der Baureihe 01 im Gegensatz zu jenen der 01^{10} nicht aus der problematischen Stahlsorte St 47 K, sondern aus St-34-Stahl gefertigt waren, erschien es sinnvoll, auch sie zu ersetzen. Bereits die Neubaukessel der 01^{10} überzeugten durch eine größere Verdampfungsfreudigkeit, passten sich rasch wechselnden Leistungserfordernissen gut an und führten zu einer Senkung des Brennstoffverbrauchs. Außerdem ließ der durch die Schweißkonstruktion bedingte Fortfall aufwändiger Niet- und Gewindeverbindungen eine Entlastung des Werkstättendienstes erwarten.

Beim für die Baureihen 01^{10} und 10 konzipierten Kessel hatte die DB von vornherein bedacht, ihn mit variierter Rohrteilung auch für die 01 und 44 verwenden zu kön-

Heißdampfregler

Der altbewährte im Dom liegende Nassdampfregler ist – wie der Name schon verrät – vor dem Überhitzer angeordnet. Der Heißdampfregler dagegen sitzt dahinter, zwischen der Heißdampfkammer des Dampfsammelkastens und den Einströmrohren, die in die Schieberkästen der Zylinder münden. Zu den Vorteilen des Heißdampfreglers gehört, dass nach dem Öffnen des Reglers sofort hochwertiger überhitzter Dampf zur Verfügung steht und nach dem Schließen nur noch eine geringe Dampfmenge nachströmt, was feinfühligeres Fahren ermöglicht. Nachteilig ist jedoch die Störanfälligkeit des Heißdampfreglers durch mit Wasserüberreißen in Richtung Regler gerissene Schmutzrückstände. Das gilt besonders für den Mehrfachventil-Heißdampfregler, dessen Ventile sich dann zusetzen, was im schlimmsten Fall den Regler völlig blockieren kann.
Bei der Neubaukessel-01 griff die DB auf den bewährten Einfachventil-Regler der Bauart Schmidt-Wagner zurück. Nur brachte man ihn nicht mehr im Dampfdom unter, sondern am Heißdampfteil des Dampfsammelkastens – so wurde er zum Heißdampfregler. Trotz der einfacheren Bauart mit einem leicht zu öffnenden, ins Hauptventil eingebauten Hilfsventil ließ sich der Regler zuweilen aber schwer betätigen oder blockierte gar. Ob es nun an mit Wasser mitgerissenen Schmutzrückständen oder (wie oft kolportiert) am mit Flugasche zugesetzten Seitenzug-Reglergestänge lag? Was die Flugasche betrifft, so hat ein erfahrener Lokführer dem Autor jedenfalls mal gesagt: „Schreiben Sie bloß diesen Blödsinn nicht!"

Rätselhafter Rohrbogen

Bei mehreren Besuchen in Hof Anfang der siebziger Jahre fiel dem Autor der zuweilen deutlich hervortretende „Rohrbogen" über der Rauchkammer der 01 mit Hochleistungskessel auf. Wozu war der da? Jürgen-Ulrich Ebel lieferte des Rätsels Lösung: Bei Loks mit Heißdampfreglern werden auch die Hilfsmaschinen mit Heißdampf betrieben. Bei den „01 HK" gehörte der Rohrbogen zur Dampfzuleitung, die vom vorderen linken Dampfentnahmestutzen zur auf der Lokführerseite befindlichen Luftpumpe führte. Das Anstellen der Luftpumpe oblag dem Heizer.

AW Nied: Die exakte Einstellung der Steuerung der 01 216 wird von Arbeitern auf der Pufferbohle per Gehör geprüft (um 1963). ***Foto: Slg. Jahr***

nen. Analog zu diesem Grundtyp 1 sollte sich der für die Baureihen 03^{10} und 41 entworfene Grundtyp 2 gleichermaßen für die 03 und 39 eignen. Es kam allerdings nur zum Einbau des Typs 2 in die 03^{10} und 41 sowie zur Modifikation des Typs 1 für die 01. Wie erwähnt wurde er dabei thermisch optimiert, weshalb ihn die DB im Gegensatz zum Ersatzkessel für die 01^{10} ebenso wie die ähnlich optimierten Kessel für die 03^{10} und 41 ausdrücklich als Hochleistungskessel bezeichnete. Jedoch hat sich letzterer Begriff dann generell für die „Witte'schen Neubaukessel" eingebürgert.

80 „Super-01" geplant

Mitte der 1950er Jahre ging die Bundesbahn noch von einem auf lange Sicht hohen Bedarf an schweren Schnellzugdampflokomotiven aus. Von der Überforderung der V 200 als vollwertiger 01-Ersatz ganz abgesehen, schnitt die Dampflok im Schnellzugdienst hinsichtlich der Gesamtbetriebskosten damals immer noch günstiger ab als die Diesellok. Die Elektrifizierung schritt zunächst nur langsam voran, für Strecken in Norddeutschland und die Nord-Süd-Magistralen via Kassel und Bebra zeichnete sie sich allenfalls vage ab – doch auch auf diesen Strecken sollten die Fahrpläne gestrafft werden. Angesichts dessen beschloss die DB, 80 Maschinen der 01-Serien mit 1000-mm-Vorlaufrädern (01 102 bis 232, zugelassen für 130 km/h) mit vollständig geschweißten Hochleistungskesseln zu bestücken. Tatsächlich wurden aber nur 50 Lokomotiven ab der Betriebsnummer 01 103 neu bekesselt. Der Einbau erfolgte von 1958 bis 1961 im AW Nied. Als er endete, reichte der Fahrdraht von Frankfurt über Hanau bis Fulda, ging die Elektrifizierung der rechten Rheinstrecke ihrer Vollendung entgegen und bestellte die DB just die ersten 20 V 200[1].

Die meisten Kessel lieferte die Arnold Jung Lokomotivfabrik, zehn Exemplare stammten von der Maschinenfabrik Esslingen und zwei fertigte das AW Nied selbst (siehe nachfolgende Tabelle).

Einbaudaten der Neubaukessel

Loknummer	Hersteller und Fabriknummer	Datum
01 103	Jung 13088	23.11.61
01 104	Jung 13013	20.07.59
01 113	Jung 13075	13.10.60
01 115	Jung 13015	01.06.59
01 122	Esslingen 5215	25.06.58
01 124	Jung 13023	02.06.60
01 125	Jung 13084	05.07.61
01 126	Esslingen 5217	02.09.58
01 130	Jung 13020	05.11.59
01 132	Jung 13079	18.01.61
01 133	Jung 13071	22.08.60
01 134	Esslingen 5222	04.59
01 138	Nied 263	28.11.60
01 146	Jung 13081	15.09.61
01 148	Jung 13083	01.10.61
01 149	Jung 13012	27.04.59
01 159	Esslingen 5220	12.11.58
01 164	Jung 13025	09.08.60
01 166	Jung 13086	27.09.61
01 169	Jung 13085	15.08.61
01 172	Jung 13026	28.07.60
01 177	Jung 13076	25.10.60
01 178	Jung 13017	05.08.59
01 180	Jung 13024	24.06.60
01 181	Jung 13022	12.05.60
01 182	Jung 13089	01.11.61
01 183	Jung 13011	17.02.59
01 187	Jung 13080	07.02.61
01 190	Jung 13077	07.11.60
01 192	Esslingen 5219	08.10.58
01 193	Jung 13072	30.08.60
01 194	Jung 13018	09.09.59
01 196	Jung 13087	17.10.61
01 197	Jung 13092	15.12.60
01 199	Jung 13091	21.12.61
01 200	Jung 13014	07.07.59
01 206	Jung 13073	06.09.60
01 209	Esslingen 5221	03.03.59
01 210	Jung 13082	23.05.61

01 211	Nied 262	12.05.59
01 216	Esslingen 5214	03.06.58
01 217	Esslingen 5213	08.05.58
01 220	Jung 13016	25.08.59
01 223	Esslingen 5216	15.07.58
01 227	Jung 13078	04.01.61
01 228	Jung 13090	07.12.61
01 229	Esslingen 5218	04.11.58
01 230	Jung 13074	22.09.60
01 231	Jung 13021	06.05.60
01 232	Jung 13019	30.09.59

Kesseltausch

01 131	Esslingen 5215 aus 01 122 (nach Unfall)	25.01.66

Weiden: 001 180 als Zuglok des N 2228 nach Hof (29. Oktober 1971). ***Foto: K. Koschinski***

Vom Altbaukessel unterscheiden sich die Neubaukessel markant durch nur noch einen Domaufbau und den flachen, im Durchmesser vergrößerten Schornstein. Der Langkessel wurde mit Ausnahme des eingenieteten Domhalses komplett geschweißt. Den Mischvorwärmer der DB-Bauart 1957 (eine einstufige Variante des Heinl-Mischvorwärmers; siehe Kastentext auf Seite 76) platzierte man nun innerhalb der Rauchkammer, die Kolbenspeisepumpe am vorderen Ende des Laufblechs der linken Lokseite. Aufgrund der inneren Speisewasseraufbereitung konnte der Speisedom entfallen, die Sandkästen wurden in die Laufbleche verlegt. Somit verblieb nur noch eine Domöffnung für das Hilfsabsperrventil zur Dampfentnahme. Statt des Nassdampfventilreglers kam der Einfach-Ventil-Heißdampfregler mit Seitenzug zum Einbau (siehe Kastentext auf Seite 72). Geräuschärmere Sicherheitsventile der verbesserten Bauart Ackermann-Henschel ersetzten die herkömmlichen Ackermann-Sicherheitsventile. Der Kessel war für einen Druck von 18 bar ausgelegt, wurde aber nur mit 16 bar betrieben.

Die Stahlfeuerbüchse des ebenfalls vollständig geschweißten Hinterkessels besaß eine 1122 mm lange Verbrennungskammer. Die Rostfläche fiel mit 3,955 m^2 um gut acht Prozent kleiner aus als bei den bisherigen Feuerbüchsen. Für eine verbesserte Luftzufuhr zum spezifisch hoch belasteten Rost sorgten neue am Rahmen befestigte Aschkästen mit einer größeren Anzahl Luftklappen.

Der Langkessel hatte bei wesentlich geänderter Rohrteilung (mit nun 46 Rauch- und 96 Heizrohren) nur noch 5000 mm lange Rohre. Die Rohrheizfläche verringerte sich von 230,25 m^2 beim Wagner'schen 6,8-m-Kessel auf nun 171,09 m^2, während die Strahlungsheizfläche von 17,0 m^2 auf 22,0 m^2 vergrößert wurde. Die insgesamt auf nur noch 193,09 m^2 reduzierte Verdampfungsheizfläche zeichnete sich also durch einen deutlich erhöhten Strahlungsflächenanteil aus. Das Verhältnis der Strahlungs- zur Rohrheizfläche besserte sich auf den Wert von 1 : 7,78. Obendrein vergrößerte man die für den Kesselwirkungsgrad mitentscheidende Überhitzerheizfläche von 85,0 m^2 auf 100,54 m^2.

Wenn die Kohle stimmt ...

Bei einer spezifischen Heizflächenbelastbarkeit von 75 kg/m^2h betrug die Nenndampfleistung des Kessels rund 14,5 t Dampf pro Stunde (dies ergibt sich aus: 75 x 193,09 = 14 481,75 kg). Das war aber ein recht vorsichtig angesetzter Nennwert. Jürgen-Ulrich Ebel weist in seinem Buch „Die Baureihe 01^{10} – Band 1" (EK-Verlag 2010) darauf hin, dass laut Witte schon der 01^{10}-Neubaukessel schadlos 17,5 t Dampf je Stunde erzeugen konnte, was bei diesem einer Heizflächenbelastung von rund 85 kg/m^2h und beim noch knapper bemessenen 01-Neubaukessel einem Wert von 90,6 kg/m^2h entsprach. Der für 57 kg/m^2h ausgelegte Wagner'sche Langrohrkessel lieferte mit seiner um 54 m^2 größeren Verdampfungsheizfläche bei Nennbelastung nur 14 t Dampf pro Stunde.

Die sich, vereinfacht gesagt, aus dem vom Kessel zur Verfügung gestellten Dampfangebot und dem spezifisch indizierten Dampfverbrauch der Maschine (in kg je PS

01-Kessel im Vergleich

		Altbaukessel (Ausführung für 01 077–149)	Umbaukessel 01 042, 046, 112, 154, 192	Neubaukessel 01 103 ... 232	Kessel 01 E 01^5 der DR
zulässiger Kesseldruck	kg/cm^2	16	16	16	16
Wasserraum	m^3	10,68	10,88	10,85	11,4
Dampfraum	m^3	4,72	4,62	5,38	5,5
Feuerrauminhalt	m^3	6,95	8,66	9,35	k.A.
Länge Verbrennungskammer	mm	–	1000	1122	1000
Anzahl der Heizrohre	Stück	106	105	96	125
Heizrohrdurchmesser	mm	70 x 2,5	54 x 2,5	54 x 2,5	54 x 3
Anzahl der Rauchrohre	Stück	24	41	46	43
Rauchrohrdurchmesser	mm	171 x 4,5	143 x 4,25	143 x 4,25	140 x 4,5
Rohrlänge zw. d. Rohrwänden	mm	6800	5800	5000	5500
Überhitzerrohrdurchmesser	mm	30 x 3,5	38 x 4	38 x 4	38 x 4
Rostfläche	m^2	4,32	4,31	3,955	4,87
Strahlungsheizfläche	m^2	17,0	22,0	22,0	23,5
Rohrheizfläche	m^2	230,25	194,23	171,09	201,0
Verdampfungsheizfläche	m^2	247,25	216,23	193,09	224,5
Überhitzerheizfläche	m^2	85,0	95,0	100,54	97,5

01 223 rollt im Mai 1959 mit einem D-Zug aus Hannover über die Hamburger Pfeilerbahn. ***Foto: W. Hollnagel/Bildarchiv der Eisenbahnstiftung***

Über Dransfeld: 01 223 mit D 284 nach Basel in Hann Münden (1958). ***Foto: W. Gronwald***

pro Stunde) ergebende Zylinderleistung bezifferte die DB für die Neubaukessel-01 mit 2330 PS_i (laut DV 939 a „Merkbuch für Dampflokomotiven"). Dieser rechnerisch ermittelte Wert ist jedoch nur bedingt mit der bei Versuchsfahrten indizierten Zylinderleistung von 2240 PS_i der Altbau-01 vergleichbar.

In der Praxis wurden sowohl den Maschinen mit Altbau- als auch Neubaukesseln höhere Leistungen abverlangt, wofür Letztere jedoch über die deutlich größere „Kesselreserve" verfügten. Allerdings bedurfte es versierter Heizer, um die technisch möglichen Höchstleistungen zu erreichen. Zudem erforderte die kleine Rostfläche hochwertige Kohle. Praktisch entschied im angestrengten Dienst und insbesondere bei Langläufen weniger die Heizflächenbelastbarkeit, sondern eher die Rostflächenbelastbarkeit über die Dampfleistung – dies umso mehr, wenn minderwertige Kohle verfeuert werden musste und es selbst bei geschickter Feuerführung durch den Hei-

01 190 (Bw Hannover Hbf) führt im April 1966 bei Oelde den aus zwei DR-Doppelstock-Einheiten gebildeten D 2036 (Leipzig–Köln). ***Foto: R. Hahmann***

Mischvorwärmer

Der den Zylindern der Dampfmaschine, den Pumpen und der Lichtmaschine entweichende Abdampf enthält noch eine erhebliche Wärmemenge, die man teils zum Vorwärmen des Kesselspeisewassers nutzen kann. Leitet man den Abdampf über die Oberflächen von Rohrschlangen, durch die das kalte Speisewasser fließt, so verwandelt er sich wieder in Wasser (kondensiert) und das Speisewasser nimmt die abgegebene Wärme auf, wird also vor Eintritt in den Kessel vorgewärmt. Die gebräuchlichste Form des Speisewasservorwärmers bei deutschen Dampflokomotiven war der auf diese Weise funktionierende Knorr-Oberflächenvorwärmer.
Man kann das Speisewasser aber auch vorwärmen, indem man es zusammen mit dem Abdampf in einen Mischkasten leitet, wo der Abdampf in direkter Wasserberührung niederschlägt und so das Speisewasser vorwärmt. Anders als beim Oberflächenvorwärmer wird mit solchen Mischvorwärmern nicht nur eine Brennstoffersparnis erzielt, sondern auch das niedergeschlagene Wasser wiedergewonnen, wodurch sich 10 bis 15 Prozent an Tenderwasser einsparen lassen.

Bauart Henschel MVR

Mischvorwärmer der Bauart Henschel MVR funktionierten in der Regel zusammen mit einer zweistufigen Turbospeisepumpe (wie die bei den Umbau-01 von 1950/51 verwendete Pumpe VTP-B 250). Das vom Tender kommende Wasser wurde über den Kaltwasserteil der Pumpe in den sattelförmig der Rauchkammer aufgelagerten Mischbehälter (bzw. im Rauchkammerscheitel liegenden Heißwasserspeicher) geleitet. Der Zylinderabdampf wurde der im Mischbehälter angeordneten Mischdüse zugeführt, der Abdampf der Turbopumpe und der Lichtmaschine gelangte unabhängig davon ebenfalls in den Mischbehälter. Von diesem wiederum lief das auf annähernd 100 °C vorgewärmte Wasser zum Heißwasserteil der Turbopumpe und wurde über das Kesselspeiseventil in den Kessel gedrückt. Bis etwa ein Kubikmeter Heißwasser konnte gespeichert und (wie beim zweistufigen Heinl-Mischvorwärmer) ggf. auch im Leerlauf oder bei Stillstand entnommen werden.

DB-Bauart 1957

Der in der Rauchkammer der Neubaukessel-01 untergebrachte Mischvorwärmer war im Grunde ein stark vereinfachter Heinl-Mischvorwärmer. Bei Letzterem war einem Niederdruckvorwärmer ein das Wasser zusätzlich erhitzender Hochdruckvorwärmer nachgeschaltet. Außerdem konnte über ein Rücklaufsystem überschüssiges Warmwasser in ein Mischgefäß gelangen, von dem aus es zusammen mit Tenderspeisewasser mittels einer als Heber bezeichneten frischdampfbetriebenen Strahlpumpe erneut in den Speicher vor dem Niederdruckvorwärmer gefördert wurde. Auf diese Weise stand auch ohne Abdampfzufuhr vorgewärmtes Wasser zur Verfügung. Dem Heber lief jedoch oft zu stark erwärmtes Wasser zu, so dass er nicht mehr arbeitete und der Vorwärmer von der Kolbenspeisepumpe leer gesaugt wurde.
Beim Mischvorwärmer der DB-Bauart 1957 entfielen Heber, Speicher und Hochdruckteil des Vorwärmers. Die Kolbenspeisepumpe fungierte nun auch direkt als Mischvorwärmerpumpe. Sie förderte das Tenderspeisewasser in den von außen nicht sichtbaren Mischbehälter, wo es sich mit Maschinenabdampf vermischte, anschließend dem Heißwasserteil der Kolbenpumpe zulief, die es in den Kessel drückte.
Generell arbeiten Mischvorwärmer effizienter als Oberflächenvorwärmer, haben aber den Nachteil, dass mit dem kondensierten Maschinenabdampf Öl- und andere Schmutzrückstände ins Speisewasser gelangen können. Zum Beispiel kann Öl dem Speisewasser zugesetzte Anti-Schäummittel wirkungslos machen, was die Gefahr des Wasserüberreißens in die Zylinder erhöht. Dieses Problem wurde durch den Heißdampfregler offenbar noch verschärft.

Treuchtlingen 1964: 10 002, 01 040, 01 1053, 01 113 . ***Foto: J. B. Kronawitter/Slg. Wunschel***

zer zur Verschlackung des Rostes kam. Dann waren gute Kohlequalität voraussetzende Heiz- und Rostflächenbelastungen graue Theorie.

Übrigens blieb bei den fünf 1950/51 mit neuen Verbrennungskammer-Hinterkesseln ausgerüsteten Lokomotiven (01 042, 046, 112, 154, 192) die Rostfläche mit 4,31 m^2 fast unverändert, man setzte also noch nicht so konsequent auf Brennstoffersparnis und den Einsatz hochwertiger Kohle. Beim Heizflächenverhältnis von 1:8,83 legte man eine spezifische Heizflächenbelastbarkeit von 65 kg/m^2h zugrunde, woraus sich eine stündliche Dampfleistung von ca. 14 t ergab. Sicher vertrug aber auch der Umbaukessel problemlos eine höhere Belastung. Die errechnete indizierte Zylinderleistung gab die DB mit 2450 PS_i an.

Zurück zur 01 mit vollständig neuem Kessel: Nicht sonderlich bewährt hat sich offenbar der Heißdampfregler. Lokpersonale klagten immer wieder über die – wohl durch den Mischvorwärmer begünstigte – Neigung des Kessels zum „Wasserüberreißen" und die (infolgedessen) mit Schmutzrückständen zugesetzten, schwergängigen Heißdampfregler. Hierzu sei auf den Kastentext auf Seite 72 verwiesen.

Wichtige sonstige Bauartänderungen bei den Neubaukessel-01 betrafen das Laufwerk, das Triebwerk und die Frontpartie: Die Maschinen bekamen Mangan-Hartstahlplatten in den Achslagerführungen, neue Graugusszylinder mit angegossenen Ausströmkästen und federlose Druckausgleichkolbenschieber der Bauart Müller. Bei 01 206, 211, 217, 222 und 223 hatte man bereits 1955 die Gleitlager der Treib- und Kuppelstangen durch Rollenlager ersetzt, alle außer 01 222 erhielten von 1958 bis 1960 Neubaukessel; weitere Umbauten auf Rollenlager unterblieben. Durch Entfernen der Schürze, die bündig mit der Rauchkammer abschließenden seitlichen

01 126 und 01 179 in der Bw-Außenstelle Bad Harzburg (1969). ***Foto: R. Wiesemeyer***

Laufbleche, das breite vordere Trittblech in Höhe der Zylinderoberkante und die am Trittblech befestigten, weit auseinandergerückten Stirnlampen erhielten die 01 ein „neues Gesicht“ – eben das für die meisten DB-Neubau- und -Umbaulokomotiven charakteristische wuchtige Erscheinungsbild.

Wer genau hinsah, dem fiel bei einigen Maschinen als Besonderheit der Ausschnitt an der Rauchkammerfront links unten (von vorn betrachtet: rechts unten) auf. Typisch war diese „Kerbe“ ja für die dreizylindrigen Loks der Baureihe 44. Auch die Rauchkammerfronten der 01^{10} hatten eine solche Aussparung, doch bei den neu bekesselten 01^{10} (teils schon bei den entstromten Loks mit Altbaukessel) vom unterhalb der Rauchkammer montierten Schutzblech verdeckt. Der Ausschnitt sollte die Wartung der Schieber des Innenzylinders erleichtern, war also bei zweizylindrigen 01 sinnlos und gab Rätsel auf. Jürgen-Ulrich Ebel teilte dazu auf Nachfrage mit, dass die Neubaukessel der Maschinenfabrik Esslingen für den ersatzweisen Einbau in 01^{10} vorbereitet waren. Demzufolge hatten die 01 122, 126, 134, 159, 192, 209, 216, 217, 223 und 229 sowie die im Januar 1966 mit dem Kessel der verunfallten 01 122 bestückte 01 131 den Ausschnitt an der Rauchkammerfront. Alle 01-Neubaukessel besaßen für den möglichen Einbau in 01^{10} den wegen des Innenzylinders abgeflachten Rauchkammerboden. Jedoch machte man von der Tauschbarkeit der Kessel zwischen beiden Baureihen keinen Gebrauch.

01 159 mit Güterzug bei Osnabrück (10. April 1963). *Foto: P. Konzelmann/Archiv Rippin*

Vorrangig zum Bw Hannover

Die erste mit dem Hochleistungskessel ausgerüstete Maschine war die 01 217. Nach dem Einbau des neuen Dampferzeugers am 8. Mai 1958 kehrte sie zu ihrem Heimat-Bw Hannover zurück, wo sich bis Jahresende auch die umgebauten 01 126, 159 und 223 wieder einfanden. Mit den 01 104, 138, 166, 206 und 211 bekam Hannover im Zeitraum 1959 bis 1961 ebenfalls schon vorher hier stationierte Lokomotiven in neuer Gestalt aus dem AW Nied zurück. Außerdem wurden im Jahr 1960 die neu bekesselten 01 178 aus Kassel und 01 190 aus Nürnberg in die Messestadt umbeheimatet, 1962 folgten die 01 122 und 229 aus Paderborn. Ergo verfügte das Bw Hannover, lange Zeit ja die 01-Hochburg schlechthin und für besonders kilometerintensive Laufpläne bekannt, Ende 1962 über 13 „Hochleistungs-01“. Darunter waren vier der vorhin erwähnten Loks mit Stangenrollenlagern, die fünfte (01 222) gehörte zu den 23 Hannoveraner Altbaukessel-01.

Schon 1958 erschienen Neubaukessel-01 auch bei den Bahnbetriebswerken Paderborn (01 122, 216), Dortmund Bbf (01 229) und Würzburg (01 192); zusammen mit den vier im ersten Umbaujahr beim Bw Hannover stationierten Lokomotiven gab es Ende 1958 acht Exemplare. Hinzu kamen 13 im Jahr 1959, 15 im Jahr 1960 und 14 im Jahr 1961. Dabei wurden auch den Bw Gießen, Hof, Kassel, Koblenz-Mosel, Nürnberg Hbf, Osnabrück Hbf und Treuchtlingen im AW Nied umgerüstete Loks „werksfrisch“ zugewiesen. Die vereinzelte Beheimatung in Kassel und Koblenz blieb jedoch ebenso wie die in Dortmund Bbf und Würzburg eine Episode. Als letzte Maschine bekam 01 199 am 21. Dezember 1961 den neuen Kessel und kehrte danach in ihr langjähriges Heimat-Bw Hof zurück.

Foto (1966): Slg. Jahr

Durch Umbeheimatungen aus Osnabrück tauchten Neubaukessel-01 im Jahr 1962 erstmals in der Bestandsliste des Bw Rheine auf. Dort behaupteten sie sich längere Zeit, während die zum Sommerfahrplan 1962 erfolgte Stationierung in Ludwigshafen (01 177 aus Koblenz) nur knapp zwei Jahre dauerte.

Am 31. Dezember 1962 verteilten sich die 50 Maschinen auf folgende Bahnbetriebswerke:

Gießen
01 115, 148, 149, 169, 210
Hannover
01 104, 122, 126, 138, 159, 166, 178, 190, 206, 211, 217, 223, 229
Hof
01 134, 172, 187, 199, 200, 227
Ludwigshafen
01 177
Nürnberg Hbf
01 125, 130, 182, 192, 220
Osnabrück Hbf
01 124, 132, 133, 180, 181, 196, 197, 228
Paderborn
01 146, 164, 193, 194, 209, 216, 230, 232
Rheine
01 103, 231
Treuchtlingen
01 113, 183

Das Bw Nürnberg Hbf beheimatete mittlerweile auch die aus Würzburg gekommenen 01 112 und 154 mit Henschel-Mischvorwärmer, die ebenfalls noch damit ausgerüstete 01 046 war nur kurz wieder Würzburg zugeteilt und wechselte im Januar 1963 endgültig nach Nürnberg.

Eine E 44 leistet einer Neubaukessel-01 mit E 237 am 18. Februar 1967 von Stuttgart bis Backnang Vorspann (bei Neustadt). *Foto: H. G. Knapp*

Gemischtes 01-Doppel mit Neubaukessel-01 an der zweiten Stelle (bei Oberkotzau, April 1973). *Foto: E. Landes/Slg. Eisenbahnfreunde Hannover*

Schiefe Ebene: Die 001 180 hat im Januar 1973 mit dem verspäteten E 659 „Frankenland" Marktschorgast erreicht. ***Foto: J. Nelkenbrecher***

Bei fast allen Bw wurden die Neubaukessel-01 zusammen mit Altbaukessel-01 eingesetzt, bereits nicht mehr jedoch beim Bw Osnabrück Hbf. Dieses seit 1960 wieder mit 01 bedachte Bahnbetriebswerk hatte seine letzten Altbaukesselloks im Mai 1962 an das Bw Rheine abgegeben. Die acht in Osnabrück verbliebenen Maschinen mit neuem Kessel mussten 1963/64 vollends der Baureihe 01^{10} weichen. Die 01 132, 180 und 181 kamen nach Nürnberg, die anderen fünf nach Rheine, wo man bald auf die Altbau-01 verzichten konnte. Von 1965 bis 1968 verfügte das Bw Rheine nur noch über neu bekesselte Lokomotiven, dito von 1967 bis 1970 das Bw Paderborn. Einige Rheiner Neubaukessel-01 waren (ebenso wie Altbaukesselloks) wegen der kurzen Drehscheiben in Hengelo/NL und Oldenzaal/NL mit dem Tender 2'2 T 30 gekuppelt.

Elektroloks ersetzen die 01

Mit Aufnahme des elektrischen Betriebs zwischen Treuchtlingen und Würzburg endete im März 1965 die Ära der 01 beim Bw Treuchtlingen. Die einzige bis dahin dort verbliebene Lok mit Neubaukessel, 01 183, kam zum Bw Nürnberg Hbf; die 01 113 war im Oktober 1964 ans Bw Rheine abgegeben worden. In Gießen wurden die meisten 01 infolge Elektrifizierung der Strecke Frankfurt – Gießen – Siegen – Hagen im Mai 1965 entbehrlich, die 01 115 und 148 wurden nach Paderborn, die 01 149, 169 und 210 nach Nürnberg umgesetzt.

Schwenk zur Hochburg Hannover: Dort brachte die Eröffnung des elektrischen Betriebs von Bebra bis Hannover (Mai 1963), von Hannover nach Bremen (Dezember 1964) und von Hannover nach Hamburg (April 1965) für die 01 natürlich gravierende Leistungseinbußen mit sich. Trotzdem blieben mit Ausnahme der am 1. September 1965 unfallbedingt ausgemusterten 01 122 sämtliche in der Übersicht per 31.12.1962 genannten Neubaukessel-01 in der Messestadt beheimatet, wechselten allerdings im Mai/Juni 1966 zum Bw Hannover Hgbf.

Den Kessel der 01 122 baute das AW Nied am 25. Januar 1966 in die bisher mit altem Kessel gefahrene 01 131 ein, die daraufhin von Hof nach Nürnberg umstationiert wurde. Nachdem vor allem Altbaukessel-01 der Ausmusterung anheimgefallen waren, schränkte die Zentralstelle für den Werkstättendienst (ZW) mit Verfügung vom 12. Mai 1967 auch die Unterhaltung der neu bekesselten Lokomotiven deutlich ein: Von nun an durften sie nur noch mit Zustimmung der Oberbetriebsleitung (OBL) eine L 3-Hauptuntersuchung bekommen, die 01 mit Altbaukessel sollten generell auslaufen. Wenig später bestimmte die ZW aber am 1. Oktober 1967, dass an Neubaukessel-01 bestenfalls noch L 2-Zwischenuntersuchungen auszuführen seien. Angesichts des konjunkturbedingt wieder erhöhten Dampflokbedarfs verfügte die ZW am 4. Juni 1969, dass Maschinen der Baureihe 001 – nun offenbar auch wieder solche mit Altbaukessel – im Einzelfall und mit Zustimmung der OBL nach Schadgruppe L 2 untersucht werden dürfen. Tatsächlich führte die seit 1967 für die Baureihe 01 zuständige Ausbesserungswerkstätte (Awst) Lingen neben L 0-Bedarfsausbesserungen noch L 2-Untersuchungen durch, so auch an der im August 1970 nach gut anderthalbjähriger Abstellzeit reaktivierten Hofer 001 008 mit Altbaukessel. Als wohl letzte Neubaukessel-01 erhielt per 16. Dezember 1970 die 001 131 eine L 2 in Lingen, wo man diese Lok im Februar/März 1972 nochmals nach Schadgruppe L 0 ausbesserte. Das eigentlich schon ab 1971 für die 001 zuständige AW Braunschweig nahm noch bis Februar 1973 Bedarfsausbesserungen an 01ern vor.

Knapp überlebten die „Alten“

Die Elektrifizierung der Rollbahn im Abschnitt Hamm/Haltern – Münster – Osnabrück und der Main-Weser-Bahn zwischen Gießen und Kassel hatte 1966/67 zu einem großen Überhang an Schnellzugdampflokomotiven geführt. Am 1. Januar 1968 zählten neben 38 Altbau- noch 32 Neubaukesselloks der nunmehrigen Baureihe 001 zum Einsatzbestand. Letztere verteilten sich auf die Heimat-Betriebswerke wie folgt:

Hannover Hgbf
001 104, 126, 159, 178, 190, 206, 211, 217, 229
Hof
001 131, 149, 169, 180, 181, 183, 192, 210
Lehrte
001 138
Paderborn
001 103, 115, 133, 164, 199, 200, 227, 230
Rheine
001 113, 124, 172, 187, 193, 231

Acht weitere Neubaukessel-01 gehörten zum z-Park: je eine in Rheine und Paderborn sowie sechs des Bw Nürnberg Rbf – für die zum Sommerfahrplan 1967 beim Bw Nürnberg Hbf brotlos gewordenen Maschinen, sofern nicht nach Hof umbeheimatet, die Endstation.

Wie bereits im Kapitel über den 01-Einsatz bei der DB erwähnt und dort näher beschrieben, wurden die Hannoveraner Lokomotiven planmäßig vor allem vom Bw Altenbeken eingesetzt und vom Heimat-Bw mit teils regelmäßigen Sonderleistungen beschäftigt. Neben der überwiegend mit Altbau-01 bestückten Hochburg Hof verwendeten auch die Bw Paderborn und Rheine die Baureihe 001 noch im Plandienst. Abgesehen von der im April 1968

Mit E 1570 aus Trier verlässt 001 199 im Juli 1971 Bullay. ***Foto: R. Fell/Eisenbahnstiftung***

nach Hof umstationierten 001 187, wurden die letzten Rheiner Maschinen jedoch bis August 1968 z-gestellt. Übrigens ersetzten die nach Elektrifizierung der Rollbahn Osnabrück – Hamburg zum Winterfahrplan 1968/69 vom Bw Osnabrück zum Bw Rheine gewechselten ölgefeuerten 01^{10} (012) auf der Strecke Münster – Norddeich Mole nur vorübergehend alle kohlegefeuerten 01^{10} (011), schon nach wenigen Wochen liefen die 011 in 012-Plänen mit.

Mit Aufnahme des elektrischen Betriebs auf der Strecke Hamm – Hannover freigewordene 216 und 220 ermöglichten zum Winterfahrplan 1968/69 das Ende des planmäßigen Einsatzes der Hannoveraner und Paderborner 001. Dem Bw Paderborn blieben, nachdem die 001 115 am 8. Januar 1968 z-gestellt worden war, über das Jahresende 1968 hinaus sieben Maschinen für Sonderdienste und Dieselersatzleistungen, die 001 133, 199 und 227 sogar bis weit hinein ins Jahr 1970. Die 001 227 gelangte Ende Juni 1970 zum Bw Hamburg-Altona, um in der Sommersaison auf den Strecken nach Kiel und Flensburg im 012-Plan auszuhelfen. Da es in Altona keine Bekohlungsanlage mehr gab, wurde die Lok in Hamburg-Rothenburgsort behandelt. Im September kam die 001 227 nach Ehrang, wohin ihr im November/Dezember 1970 die 001 133 und 199 aus Paderborn folgten. Beim Bw Ehrang teilten sie sich mit Altbau-01 die seit Anfang November 1969 in einem Zwei-Tage-Umlauf zu erbringenden Reisezugleistungen auf der Moselstrecke Trier – Koblenz.

Das Bw Hannover Hgbf gab zum Winterfahrplan 1968/69 die noch betriebsfähigen 001 126, 178, 190, 206, 211, 217 und 229 mit Neubaukessel sowie 001 179 mit Altbaukessel an das Bw Lehrte ab, das sie schon am 8. Oktober 1968 zusammen mit der aus Bremen zugegangenen Altbaukessellok 001 161 an das Bw Braunschweig weiterreichte. Davon standen über das Jahr 1969 hinaus die 001 126, 161, 190 und 217 für Sonderleistungen und als „Dieselersatz“ zwischen Hannover und Helmstedt sowie Braunschweig und Bad Harzburg/Goslar zur Verfügung, die 001 190 und 217 noch bis Frühjahr 1971.

Der planmäßige 01-Einsatz auf der Moselstrecke währte bis 19. Januar 1972, einen Tag zuvor wurde die 001 199 z-gestellt. Zusammen mit der späteren Museumslok 001 150 (bekanntlich Altbaukessel) wechselte die 001 227 Mitte Juni 1972 zum Bw Hof, das nun kurzzeitig wieder über acht betriebsfähige Neubaukessel-01 (001 103, 131, 180, 181, 187, 192, 211 und 227) verfügte. Hiervon wurden die 001 192 am 8. Juli und die 001 181 am 1. November 1972 z-gestellt. Den im Winterfahrplan 1972/73 sechstägigen Umlauf mit D-, E- und N-Zügen auf der Strecke Hof – Lichtenfels – Bamberg bestritten hauptsächlich die sieben Altbaukessel-01. Hingegen kamen vor den im Drei-Tage-Plan auf der Route Hof – Weiden – Regensburg zu befördernden Nahverkehrszügen meist Maschinen mit Neubaukessel zum Einsatz. Personale begründeten die auf der Bamberger Strecke schon länger den Loks mit altem Kessel eingeräumte Priorität damit, dass diese auf der „Schiefen Ebene“ nicht zum gefürchteten Wasserüberreißen neigten.

Wie dem auch sei: Nach z-Stellung der 001 103, 227 und 187 im Januar 1973 reichten die drei verbliebenen Maschinen mit Neubaukessel nicht einmal aus, um zuverlässig den Regensburger Plan zu bestreiten. Er ging, nachdem am 21. April auch die 001 211 den Dienst quittierte, de facto auf 50er über. Am 29. Mai wurde die 001 180 z-gestellt, am 3. Juni 1973 – einen Tag nach Fahrplanwechsel – schließlich auch die 001 131.

Am 24. August 1973 musterte die DB ihre drei letzten Neubaukessel-01, eben 001 131, 180 und 211, aus. Dass vier Altbau-01 noch ein paar Monate länger in Bundesbahndiensten überlebten, hat gewiss nichts mit der ihnen zugeschriebenen geringeren Störanfälligkeit und schon gar nichts mit ihren angeblich größeren „Kesselreserven“ zu tun. ❑

August 1969: 01 220 als Denkmal in Treuchtlingen. ***Foto: BD München/Slg. Dr. Rampp***

Der Nachwelt erhalten

Drei Neubaukessel-01 gibt es noch:

01 164	Privatbesitz, Leihgabe an DDM Neuenmarkt-Wirsberg
01 180	Bayerisches Eisenbahnmuseum Nördlingen
01 220	Denkmal in Treuchtlingen

Die im Juni 2011 aus der Schweiz nach Bayern zurückgekehrte 01 180 ist seit November 2014 wieder betriebsfähig.

ALTBAU-KLASSIKER UND REKO-01

Insgesamt 70 Maschinen der Baureihe 01 gelangten in den Fahrzeugpark der Deutschen Reichsbahn in der Sowjetischen Besatzungszone. 35 der 65 in den Unterhaltungsbestand aufgenommenen Exemplare wurden ab 1962 zur Baureihe 01^5 rekonstruiert. Dabei erhielten sie ein neues, markant durch die kegelige Rauchkammertür und die Domverkleidung geprägtes Aussehen

01 0501 dampft im März 1972 östlich von Bebra in Richtung Erfurt. ***Foto: J. Nelkenbrecher***

Von den 70 bei der Deutschen Reichsbahn in der SBZ respektive ab 1949 DDR verbliebenen 01 wurden die kriegsbeschädigten 01 026, 030, 110 und 214 im Jahr 1950 ausgemustert. Die schon 1950 als ausgemustert gemeldete 01 035 schied nach neueren Erkenntnissen erst 1956 endgültig aus dem Bestand. Die nach dem Krieg noch einsatzfähigen und die ersten wieder betriebsfähig hergerichteten Lokomotiven dienten von 1946 bis 1955 zum Teil als Kolonnenloks der Sowjetarmee. Die Aufarbeitung der 65 als erhaltenswert eingestuften Maschinen zog sich über das Jahr 1950 hinaus hin.

Der Unterhaltungsbestand umfasste insgesamt 22 Exemplare der Bauserien bis zur Betriebsnummer 01 102 mit 850-mm-Laufrädern und 43 der jüngeren Bauserien mit 1000-mm-Laufrädern. 35 Lokomotiven der

Die ehemalige Kolonnenlok 01 144 besaß um 1955 keinen Vorwärmer. *Foto: Slg. Garn*

Bw Erfurt P, 1953: Die neue Schmiervorrichtung der 01 023 erregt Neugier. *Foto: Slg. Griebl*

neueren Ausführung bekamen im Rahmen des Rekonstruktionsprogramms der DR ab 1962 neue Kessel, womit die Umzeichnung zur Baureihe 01^5 einherging.

Auch an den Altbaukessel-01 nahm die DR etliche Bauartänderungen vor, wenngleich weniger augenfällig als die DB. Insbesondere unterblieb der Ersatz der charakteristischen großen Windleitbleche durch Witte-Bleche. Bei genauem Hinsehen ließen sich aber unter anderem anhand folgender Merkmale Unterschiede zur Ursprungsausführung ausmachen:

- zusätzliche Führerhausdachfenster mit Schutzgitter
- Führerhausstirnfenster mit Windstauschuten statt einfacher Fensterschirme (Umbau schon vor 1945 begonnen)
- Windleitbleche teils hinten verkürzt (z.B. bei 01 048, 050, 054, 069, 107, 119 und vorübergehend bei 01 207)
- teils von Loks der Baureihe 44 stammende Windleitbleche, erkennbar an den oben vorne stärker ausgeprägten Rundungen (z.B. bei 01 005, 01 016 und hinten verkürzt bei 01 165)
- teils kleine Arbeitsklappen in den Mittelteilen der Windleitbleche auf der Lokführerseite (z.B. 01 066, 204, 226).

Außerdem wurde bei einigen Maschinen unterhalb der Betriebsnummer 01 102 das Lastausgleichssystem geändert, d.h. an die Stelle des Winkelhebels zwischen dem 3. Kuppelradsatz und dem Schleppradsatz trat der ab 01 102 von vornherein eingebaute große Ausgleichshebel. Teilweise war mit dieser konstruktiven Änderung die Nachrüstung mit der Schleppachsbremse verbunden (Zeitpunkt des Umbaus nicht mehr genau nachweisbar).

Schließlich gab es ab 1965 Umbauten an Altbau-01, die nach der Rekonstruktion zur 01^5 übrig geblieben waren. So erhielten die 01 065, 069, 114, 118, 204 und 207 wie die 01^5 Ersatzzylinder in Stahlschweißausführung mit über die Rahmenwange verlegten Ausströmrohren und einer entsprechend geänderten Rahmenverbindung zwischen den Zylindern. Die 01 114, 118, 120, 137, 165, 204, 207 und 226 bekamen die gleichen geschweißten Drehgestellrahmen wie die 01^5. Selbst den originär mit kleinen Vorlaufrädern ausgerüsteten 01 014, 016, 029, 036 und 057 verpasste man noch diese Drehgestelle mit 1000er-Laufrädern; hierzu waren Modifikationen am Vorderteil des Hauptrahmens notwendig, um das Durchschwingen der größeren Laufräder unter dem Rahmen zu gewährleisten. Ab etwa 1967 erhielten im Verkehr mit der DB und auf der Strecke Berlin – Dresden eingesetzte Altbau-01 teils eine Indusi der Bauart

01 2050 vom Bw Berlin Ostbf in Helmstedt (1971). *Foto K. Koschinski*

01 156 mit Kühlwagenzug in Rostock (um 1956). *Foto: ZBDR/Slg. Garn*

I-60 (von Siemens), ebenso teilweise auch die 01[5]. Ab Mitte der 1970er Jahre wurde die Indusi wieder ausgebaut.

Rekonstruiert zur 01[5]

Im ersten „Rekonstruktionsprogramm für Dampflokomotiven" von 1956 war die Baureihe 01 nicht enthalten. Erst im Februar 1959 entschieden die Hauptverwaltung der Maschinenwirtschaft (HvM) und die Hauptverwaltung der Ausbesserungswerke der DR (HvRaw), die für den schweren Schnellzugdienst auf längere Sicht unverzichtbaren Pazifiks zu rekonstruieren – das heißt: sie mit neuen Hochleistungskesseln zu bestücken, verschlissene Bauteile zu ersetzen und konstruktive Schwachpunkte unter Anwendung neuer Baugrundsätze zu beseitigen. Die in Kürze erwartete V 180 konnte die 01 nicht ablösen, und die Realisierung der geplanten V 240 mit 2400 PS Nennleistung stand in den Sternen.

Glatt über die Bühne ging die Rekonstruktion der 01 freilich nicht. Während Max Baumberg, Leiter der Fahrzeugversuchsanstalt (FVA) bzw. ab 1960 der Versuchs- und Entwicklungsstelle für die Maschinenwirtschaft (VES-M) Halle, und Wolfgang Petznick vom Büro für Erfinder- und Neuererwesen der HvM sie leidenschaftlich befürworteten, rief sie im Raw Meiningen zunächst Unmut hervor. Die Rekonstruktion der Baureihe 39 (zur Baureihe 22) und der 03[10] beanspruchte die Kapazitäten in Meiningen vollauf. So betonte ein vom Raw zur Beratung am 10. Februar 1959 in die HvM entsandter Kesselprüfer, die 01 sei auch mit dem Altbaukessel weiterhin wirtschaftlich zu unterhalten, zumal man bei älteren Maschinen bereits die Hinterkessel erneuert habe. Baumberg und Petznick hingegen vertraten den Standpunkt, im Hinblick auf die geforderten Dauerleistungen mit 400 bis 500 t Zugmasse im Geschwindigkeitsbereich von 110 bis 120 km/h sei es wirtschaftlicher, komplett neue Verbrennungskammerkessel mit größerer Strahlungsheizfläche und höherer spezifischer Belastbarkeit einzubauen. Petznick untermauerte diese Argumentation im Mai 1960 auch mit dem Verweis auf Versuchsfahrten für den geplanten Städteschnellverkehr zwischen den Bezirkshauptstädten und Berlin.

Die konstruktive Gestaltung der Reko-01 oblag der FVA Halle. Nach Durchrechnen zahlreicher Kesselvarianten zeigte der mit den Entwurfsarbeiten betraute Ingeni-

Die 01 504 hat seitliche Laufblechschürzen mit Zierstreifen erhalten. Aufnahme in der VES-M Halle am 7. Dezember 1962. ***Foto: G. Illner/Slg. Garn***

Rekonstruktionsdaten

Lok-Nr.	vor Reko	Raw-Nr./ Kessel-Nr.	Abnahme-datum	Ölfeuerung ab	Lok-Nr.	vor Reko	Raw-Nr./ Kessel-Nr.	Abnahme-datum
01 501	01 174	103/204	30.04.62	30.06.65	Ab 01 519: mit Ölfeuerung abgenommen			
01 502	01 157	104/237	27.09.62	30.07.65	01 519	01 186	121/267	29.02.64
01 503	01 142	105/238	02.10.62	30.09.65	01 520	01 162	122/273	08.04.64
01 504	01 224	106/240	31.10.62	12.02.65	01 521	01 144	123/274	31.03.64
01 505	01 121	107/242	09.11.62	09.03.66	01 522	01 184	124/276	30.04.64
01 506	01 127	108/246	30.11.62	–	01 523	01 191	125/278	25.05.64
01 507	01 136	109/247	20.12.62	20.12.65	01 524	01 129	126/279	22.06.64
01 508	01 153	110/244	06.02.63	14.02.66	01 525	01 219	127/283	30.06.64
01 509	01 143	111/249	13.02.63	31.10.65	01 526	01 163	128/287	21.07.64
01 510	01 139	112/248	28.02.63	19.01.66	01 527	01 225	129/288	25.08.64
01 511	01 218	113/251	20.03.63	–	01 528	01 119	130/290	09.09.64
01 512	01 175	114/252	31.03.63	–	01 529	01 205	132/293	30.09.64
01 513	01 152	115/253	30.04.63	27.04.66	01 530	01 221	133/295	28.10.64
01 514	01 208	116/256	30.06.63	–	01 531	01 158	134/297	30.11.64
01 515	01 160	117/257	31.07.63	–	01 532	01 135	135/296	17.12.64
01 516	01 117	118/260	31.08.63	–	01 533	01 116	136/300	31.12.64
01 517	01 107	119/255	26.11.63	27.02.65	01 534	01 203	137/303	28.04.65
01 518	01 185	120/256	31.12.63	–	01 535	01 156	138/309	31.05.65

Leistungstafeln

km/h	40	50	60	70	80	85	90	95	100	110	120	130
	Wagenmasse in t											
Steigung	D-, Ex- und Eilzug											
0 1 : ∞	—	—	—	—	—	—	—	—	1000	830	650	450
1 ‰ 1 : 1000	—	—	—	—	—	—	1000	900	800	630	470	370
2 ‰ 1 : 500	—	—	—	—	1000	900	800	710	640	495	380	295
3 ‰ 1 : 333	—	—	—	—	820	740	660	590	520	405	315	245
4 ‰ 1 : 250	—	—	—	870	700	620	555	490	430	345	265	195
5 ‰ 1 : 200	—	—	930	750	600	530	475	420	375	295	220	150
6 ‰ 1 : 166	995	950	805	650	515	460	410	360	320	245	180	130
7 ‰ 1 : 140	900	825	705	570	450	400	350	310	275	205	145	110
8 ‰ 1 : 125	770	740	610	500	395	340	305	270	240	175	130	—
10 ‰ 1 : 100	620	580	495	395	310	265	235	205	180	130	—	—
14 ‰ 1 : 70	435	400	340	260	195	170	145	125	105	—	—	—
20 ‰ 1 : 50	270	250	205	150	105	—	—	—	—	—	—	—
25 ‰ 1 : 40	190	175	140	95	—	—	—	—	—	—	—	—

Leistungstafel der Reichsbahn für die Baureihen 01 und 01[5]. *Abb.: Slg. Koschinski*

eur Klaus-Dieter Hentrich im Januar 1960 Petznick die endgültige Zeichnung des Rekokessels vom Typ 01 E: Anhand der sehr günstig bemessenen Heizflächenverteilung ließ sich erkennen, dass die Dampfleistung jene des gewichtsgleichen Vorgängertyps deutlich übertreffen würde. Im weiteren Verlauf der Arbeiten galt es, die Architektur der Lok zu konzipieren und konstruktive Änderungen wie den Einbau neuer Dampfzylinder, die Verlegung der Pumpen und dafür notwendige Anpassungen am Rahmen zu berücksichtigen.

Für den geplanten Weiterbetrieb über mindestens zwei Erhaltungsabschnitte waren auch die an der Verschleißgrenze angelangten Radsätze und Drehgestellrahmen zu ersetzen. Das Raw Meiningen wies auf den zusätzlichen Aufwand hin, den die Angleichung der Lokomotiven älterer Bauart (bis 01 101) an die jüngeren Bauserien erfordert hätte (z.B. wegen des Einbaus der 1000-mm-Drehgestellräder und der Scherenbremsen). Deshalb beschloss man, vorerst nur die 43 Maschinen der neueren Bauart zu rekonstruieren. Tatsächlich baute das Raw Meiningen von 1962 bis 1965 nur 35 Loks (ab 01 107) um, die die DR zur Unterscheidung von den nicht rekonstruierten als 01[5] einreihte. Die Kessel wurden vom Raw Halberstadt hergestellt. Ab 01 519 ging die Rekonstruktion mit dem Einbau einer Ölhauptfeuerung einher, elf Loks wurden 1965/66 damit nachgerüstet. Nur sieben Maschinen (01 506, 511, 512, 514, 515, 516 und 518) behielten bis zum Schluss Kohlefeuerung.

Mit der gewählten Formgebung beschritt die DR stilistisches Neuland: Durch die sich über den gesamten Kesselscheitel und das Führerhausdach hinziehende Blechverkleidung wurde eine glatte Linienführung erreicht. Auch die Windleitbleche sollten mit dem Kesselscheitel eine Linie bilden, doch die an der 01 501 angebrachten „Fledermausohren" erwiesen sich als unzweckmäßig, weshalb dann alle 01[5] Witte-Bleche mit vorne abgeschrägten Kanten erhielten. Des Weiteren war das Erscheinungsbild der 01[5] markant durch die kegelige Rauchkammertür und – bei einem Teil der Maschinen – durch die in Deutschland ungewohnten Boxpok-Kuppelradsätze sowie die seitlichen Laufblechschürzen geprägt.

Der Kessel 01 E lieferte bei einer spezifischen Heizflächenbelastung von 70 kg/m²h stündlich rund 15,7 t Dampf, also 1,6 t mehr als der Langrohr-Einheitskessel bei 57 kg/m²h und nominell 1,2 t mehr als der DB-Neubaukessel bei 75 kg/m²h (der jedoch, wie im Kapitel über die Umbau-01 der DB erläutert, eine deutlich höhere Belastung vertrug). Der DR-Rekokessel wies mit 224,5 m² eine wesentlich größere Verdampfungsheizfläche als der Neubaukessel der Deutschen Bundesbahn auf, wovon

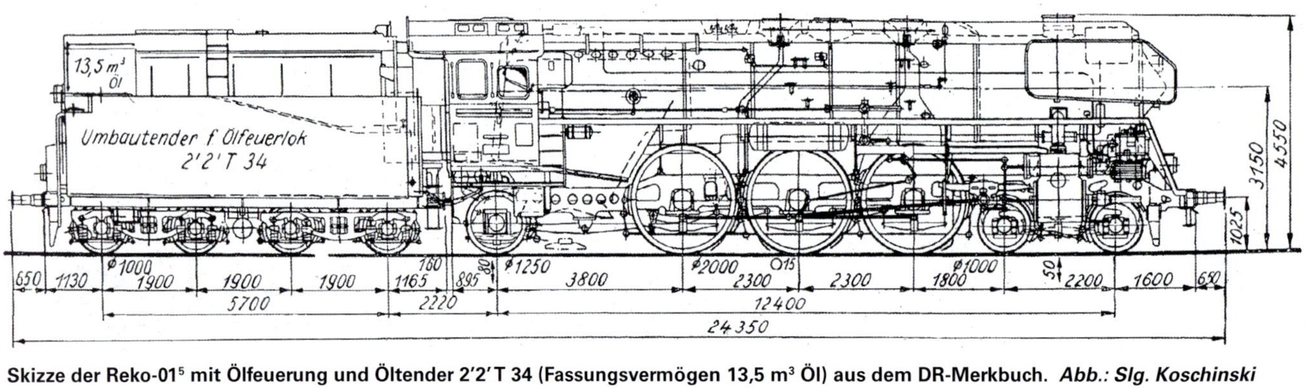

Skizze der Reko-01[5] mit Ölfeuerung und Öltender 2'2'T 34 (Fassungsvermögen 13,5 m³ Öl) aus dem DR-Merkbuch. *Abb.: Slg. Koschinski*

Bw Hamburg-Altona: Die 01 507 besaß 1968 Boxpok-Kuppelradsätze und im Laufdrehgestell einen vorderen Scheibenradsatz. ***Foto: Slg. Schwarz***

23,5 m² auf die Strahlungsheizfläche (= Feuerbüchs- und Verbrennungskammerheizfläche) und 201 m² auf die Rohrheizfläche entfielen. Das Verhältnis Strahlungsheizfläche zu Rohrheizfläche betrug somit 1 : 8,55 (gegenüber dem noch günstigeren Wert 1 : 7,78 beim DB-Neubaukessel und schlechterdings 1 : 13,54 beim Wagner'schen Langrohrkessel). Der Überhitzer hatte eine Heizfläche von 97,5 m². Die Rostfläche war mit 4,87 m² sehr reichlich bemessen, hier verfolgte die DR mit Rücksicht auf Kohle minderer Güte eine völlig andere Philosophie als die hochwertige Kohle voraussetzende DB mit der gegenüber den Einheitskesseln stark verkleinerten Rostfläche. Die Verbrennungskammer der stählernen Feuerbüchse ragte 1000 mm in den Langkessel hinein. Die Rohrlänge zwischen den Rohrwänden betrug 5500 mm, die Anzahl der Rauchrohre 43 und die Anzahl der Heizrohre 125.

Der Rekokessel war wie sein DB-Pendant vollständig geschweißt. An den zylindrischen Langkessel mit 1900 mm lichter Weite schloss sich der konisch auf 2000 mm Innendurchmesser erweiterte Übergangsschuss zum Hinterkessel an. Die Kesselmitte wurde unter Ausnutzung des Umgrenzungsprofils II auf 3150 mm über SO gelegt (50 mm höher als beim Einheitskessel). Den Aschkasten Bauart Stühren befestigte man analog zu anderen Reko-Baureihen nicht mehr am Stehkessel, sondern am Rahmen. Der Dampfdom enthielt den Nassdampfventilregler Bauart Wagner mit Seitenzugbetätigung. Vor und hinter dem Dampfdom befand sich jeweils ein Sandkasten, der Speisedom konnte wegen der inneren Speisewasseraufbereitung entfallen. Die größere Dampfleistung des Kessels bewog zum Einbau von drei (statt wie üblich zwei) Sicherheitsventilen Bauart Ackermann, der zulässige Kesseldruck betrug unverändert 16 bar. Zur Kesselspeisung diente die Mischvorwärmeranlage Bauart IfS/DR mit in der Rauchkammer eingelassenem Mischkasten und der links vorn unter dem Laufblech vor dem Zylinder angebrachten Kolbenverbundmischpumpe, außerdem die saugende Dampfstrahlpumpe (Förderleistung jeweils 250 l/min). Die 01 504 besaß anstelle der herkömmlichen Saugzuganlage von Juli 1963 bis Januar 1975 einen am Flachschornstein erkennbaren Giesl-Ejektor.

Die „Fledermausohren" der 01 501 haben sich nicht bewährt. ***Foto: G. Illner/Slg. Garn***

Als einzige 01^5 besaß die 01 504 einen Giesl-Ejektor, erkennbar am Flachschornstein (4. Februar 1971). ***Foto: L. Hornung/Archiv Steinwasser***

Die Doppelverbundluftpumpe befand sich unter dem Laufblech vor dem Zylinder auf der rechten Seite. Zur Aufnahme der Pumpenträger wurde der von den Einheitsloks übernommene Barrenrahmen vorgeschuht, wodurch sich die Loklänge um 410 mm auf 15 545 mm vergrößerte, inklusive Tender 2'2' T 34 maß sie nun 24 350 mm. Die Laufbleche legte man um 300 mm höher. Bis auf 01 501 und 503 erhielten die Loks neue geschweißte Drehgestellrahmen.

Die meisten 01^5 bekamen neue Radsätze: Bereits im Zuge der Rekonstruktion rüstete man die 01 504, 508, 509, 511, 513, 517 und 518 mit Boxpok-Kuppelradsätzen aus, nachträglich auch die 01 502, 503, 507, 510 und 512. Diese nach amerikanischem und sowjetischem Vorbild entstandenen Radsätze in Doppelscheiben-Hohlkonstruktion boten gegenüber den alten, mittlerweile zu Rissbildungen neigenden Speichenradsätzen prinzipiell den Vorteil höherer Belastbarkeit. Aufgrund der Missachtung konstruktiver Vorgaben durch die Gießerei stimmte jedoch der Massenausgleich nicht, was zu einem unruhigen Lauf der Loks und Schäden an den Stangenlagern führte. Deshalb tauschte das Raw Meiningen die Boxpok-Radsätze nach und nach gegen Speichenradsätze aus, zuletzt im Mai 1974 bei der 01 507 und im August 1976 bei der 01 503. In die Loks ab 01 519 baute das Raw Meiningen von vornherein neue, inzwischen ohne Schwierigkeiten herstellbare verstärkte Speichenradätze ein, ausgenommen die bei

Kenndaten der 01^5

Betriebsnummern		01 501 – 535
Umbaujahre		1962 – 1965
Bauart		2'C1' h2
Höchstgeschwindigkeit vorwärts/rückwärts		130/50 km/h
indizierte Leistung (rechnerisch)	Kohlelok	2450 PS_i
	Öllok	2500 PS_i
Trieb- und Laufwerk		Abmessungen wie Ursprungsausführung
Kesselüberdruck		16 bar
Rostfläche		4,87 m^2
Strahlungsheizfläche (Feuerbüchse u. Verbrennungskammer)		23,5 m^2
Heizfläche der Rauch- und Heizrohre		201,0 m^2
Verdampfungsheizfläche		224,5 m^2
Überhitzerheizfläche		97,5 m^2
Gesamtachsstand mit Tender		20 320 mm
Länge über Puffer mit Tender		24 350 mm
maximale Achslast		20,2 t
Lokreibungslast		60,4 t
Gesamtgewicht Lok mit Tender mit vollen Vorräten	Kohlelok	183,8 t
	Öllok	190,1 t
Dienstgewicht Lok mit Tender mit $^2/_3$ Vorräten	Kohlelok	169,0 t
	Öllok	174,3 t

Vorräte mit Tender 2'2' T 34 Öl: 13,5 m^3 schweres Heizöl; 34 m^3 Wasser

Die kegelige Rauchkammertür der 01 1516. ***Foto: R. Garn***

der Rekonstruktion noch mit altbrauchbaren Radsätzen anderer Maschinen bestückten 01 522, 524 und 527.

Die Rekonstruktion umfasste auch den Einbau verstärkter Treib- und Kuppelstangen, neuer Stahlschweißzylinder (außer bei 01 501 und 520) mit geänderter Ein- und Ausströmung, neuer Druckausgleichkolbenschieber der Bauart Trofimoff sowie die Neubefestigung des Steuerbocks am Rahmen (statt am Kessel) mit Verlagerung der Steuerspindel nach vorn an das Ende der Steuerantriebswelle. Ferner erhielten die Lokomotiven neue geschweißte Führerhäuser mit Kälteschutz, Lüftungsaufsatz, verglasten Dachschiebefenstern und Klarsichtapparaten an den Stirnfenstern. Zu den typischen Merkmalen der 01^{5} zählten die neu gestaltete Frontschürze mit integrierten Spitzensignallaternen und die erwähnte kegelige Rauchkammertür mit fest eingebautem oberen Spitzenlicht. Gegen Ende der Einsatzzeit ersetzte man die verschlissenen „spitzen" Türen aber meist durch die herkömmlichen Rauchkammertüren mit Zentralverschluss, ausgenommen nur 01 505, 513, 516 und 517. (Die Museumslok 01 531 erhielt erst 1990 wieder eine Rauchkammertür in Kegelform.)

Sicher wurden bei der Rekonstruktion nicht alle technischen Möglichkeiten ausgeschöpft, so versah man die Achs- und Stangenlager nicht mit wartungsarmen Rollenlagern. Personale lobten einerseits den überaus leistungsfähigen Kessel („Er macht schon Dampf, wenn man ihm nur die Schippe zeigt"). Andererseits verspotteten sie die Maschinen wegen ihres im Vergleich zur Altbau-01 unruhigen – zumindest als unruhig empfundenen – Laufs als „römische Kampfwagen". Berechtigt war die Kritik an den Laufeigenschaften gewiss bei den Exemplaren mit Boxpok-Radsätzen. Es mag auch sein, dass sich die höhere Kessellage ungünstig auswirkte. Doch dürfte der durch ungenügende Schallisolierung bedingte höhere Geräuschpegel im Führerhaus zum Eindruck mangelnder Laufruhe beigetragen haben.

Anfangs hatten die 01^{5} freilich nicht überzeugt. Nach einjähriger Betriebszeit der ersten Loks zog das Büro für Neuererwesen (BfN) in einem Vermerk vom 27. Juni 1963 ein negatives Fazit. So seien die Reko-01 der „Standardausführung" beim Beschleunigen unterlegen, wiesen erhebliche Qualitätsmängel auf und böten anstelle der erhofften Vorteile eine Reihe von Nachteilen. Folglich sei die Rekonstruktion der 01 sofort einzustellen.

Mit diversen Maßnahmen (u.a. fertigungstechnische Verbesserung der Stahlschweißzylinder, Korrektur der nicht dem veränderten Spindelantrieb angepassten und daher höhere als tatsächlich wirksame Füllungsgrade anzeigenden Skala am Steuerbock) gelang es, anfangs schwerwiegende Probleme zu beseitigen. Letztlich hat sich die Reko-01 sehr gut bewährt. Ähnlich wie die Baureihe 10 der DB verkörperte sie einen späten Höhepunkt im deutschen Dampflokbau.

Angesichts des beschlossenen „Traktionswechsels" kam es nicht mehr zu einer umfassenden Dokumentation des Leistungsvermögens der 01^{5}. Die Versuchs- und Messfahrten mit der zuerst der VES-M Halle zugeteilten 01 501 dienten der allgemeinen Bauarterprobung. Mit der ihr ebenfalls fabrikneu zugewiesenen 01 504 führte die VES-M Halle zwar auch leistungstechnische Untersuchungen durch, die eine Überlegenheit gegenüber der Altbau-01 zeigten, aber wegen teils ungünstiger Bedingungen nur unvollständig ausgewertet wurden. Für die 01^{5} mit Kohle- wie Ölfeuerung stellte die DR keine neuen Leistungstafeln auf. Obwohl der Kessel problemlos Dauerbelastungen von 70 kg/m²h verkraftete, legte sie im Hinblick auf die nicht garantierte Verfügbarkeit hochwertiger Steinkohle der Fahrzeitberechnung eine Heizflächenbelastung von nur 65 kg/m²h zugrunde. Fahrplantechnisch wurden Altbau- und Rekoloks gleich behandelt, wobei interessanterweise für die 01 ohnehin höhere Grenzlasten galten als bei der DB. ❑

Greifswald, 23.10.1982: ausgemusterte 01.5 auf der Fahrt nach Rostock. *Foto: J. Schmidt/ Eisenbahnstiftung*

BIS 1982
IM PLANDIENST

Im Dienst der sowjetischen Besatzungsmacht fuhren zahlreiche Maschinen mit Militärreisezügen bis nach Brest an der polnisch-russischen Grenze. Erst ab 1955 konnte die Reichsbahn ihre 65 Lokomotiven der Baureihe 01 frei einsetzen. Sie fuhren u.a. nach Rostock, Hamburg, Bebra und Dresden

Wie viele 01 der Deutschen Reichsbahn in der Sowjetzone im ersten Nachkriegsjahr 1946 noch oder wieder unter Dampf standen, lässt sich wohl nie mehr zweifelsfrei klären. Die Angaben in der Literatur sind widersprüchlich. Jedenfalls konnte die DR Ende 1946 nur über wenige betriebsfähige Maschinen „frei“ verfügen. Über die Hälfte der insgesamt 70 Loks waren schadhaft abgestellt oder in Ausbesserung.

Mindestens zehn einsatzbereite 01 hatte bereits zu diesem Zeitpunkt die Sowjetische Militäradministration in Beschlag genommen. Mindestens 25 – bis zu 23 gleichzeitig – leisteten in den Folgejahren Dienst als „Kolonnenloks“ für die Besatzungsmacht. Überwiegend waren sie der Kolonne 42 des Bw Berlin-Rummelsburg zugeteilt, um Militärreisezüge zwischen Potsdam bzw. Berlin und Brest an der polnisch-russischen Grenze zu bespannen, unter anderen das als „Blauer Express“ berühmt gewordene Zugpaar D 1/2. Zwischen Frankfurt (Oder) und Brest dampften außerdem 01 der in Frankfurt (Oder) stationierten Kolonne 1.

Überliefert ist, dass die 786 km lange Strecke Berlin Ostbahnhof – Brest in Etappen, also mit mehreren Lokwechseln, zurückgelegt wurde, desgleichen die 847 km lange Route zwischen Wildpark (in Potsdam) und Brest. Wie Robin Garn im Buch „Reichsbahn ohne Reich, Band 1“ berichtet, erinnerten sich mit dem Kolonnendienst befasste Eisenbahner jedoch daran, dass es – zwar mit längeren Zwischenstopps – auch Durchläufe gab. Sollte dieses zweifelsfrei belegbar sein, müssten die 03^{10} und 05 der DB den europäischen Langlaufrekord für Dampflokomotiven (703 km in der Relation Hamburg – Köln – Frankfurt am Main) „posthum“ an die 01 der DR abtreten. So oder so: Die Kolonnenloks zeichneten sich durch einen außergewöhnlich guten Pflegezustand aus. Einige wiesen neben allerlei Zierrat auch bauliche Besonderheiten auf wie die Ausrüstung mit kleinen Windleitblechen ähnlich der Bauart Witte und die Kupplung mit dem 50er-Tender 2'2' T 26, der den Personalen wegen seiner bis zur Dachkante des Führerhauses reichenden Stirnwand einen besseren Wetterschutz bot.

Ab Juli 1954 waren 20 Maschinen der Kolonne 42 auf Mietvertragsbasis in Brest Central stationiert. Sie wurden im Februar 1955 an die DR zurückgegeben: Die Reichsbahndirektionen Magdeburg (01 005, 014, 023, 025, 036, 069, 114, 191, 224, 226), Erfurt (01 116, 144, 175, 184, 185, 219) und Schwerin (01 157, 162, 186, 208) nahmen die Pazifiks dankbar in Empfang.

Die nach Ausmusterung von fünf schwer kriegsbeschädigten Exemplaren dauerhaft in den DR-Unterhaltungsbestand aufgenommenen und bis zuletzt vom Raw Mei-

01 2120 verlässt im Juli 1976 mit dem „Pannonia-Expreß“ nach Sofia Berlin Ostbahnhof. *Foto: J. Nelkenbrecher*

Städteschnellverkehr Berlin–Rostock: Probefahrt mit der Erfurter 01 207.
Foto (1960): Slg. Reimer

RECHTS: Kolonnenlok 01 162 in Karlshorst.
Foto (1948): Slg. Garn

ningen betreuten 65 Lokomotiven der Baureihe 01 verteilten sich am 1. Juli 1955 auf die Bahnbetriebswerke Erfurt P (27 + 2 z), Magdeburg Hbf (24) sowie Wittenberge (12). Hiervon waren die Erfurter 01 089 und 142 vorübergehend von der Ausbesserung zurückgestellt. Bis Ende der 1950er Jahre blieb diese Verteilung im Wesentlichen unverändert, dann wechselten einige Maschinen zum Bw Rostock (Bestand am 1. Juli 1960: acht Stück). Die 01 107 diente um 1959/60 der VES-M Halle für Messfahrten.

Bis Bebra und Hamburg

Das Bw Erfurt P setzte die 01 hauptsächlich vor Interzonenzügen zwischen Bebra und Leipzig bzw. Berlin (mit Lokwechsel in oder nahe bei Erfurt) sowie vor D-Zügen des DDR-Binnenverkehrs in der Relation Eisenach – Erfurt – Halle/Leipzig – Berlin ein. Planmäßig kamen die Maschinen aber auch über Göschwitz nach Gera und über

27. Oktober 1966: 01 165 war die letzte Auswaschlok des Bw Magdeburg Hbf.
Foto: Slg. Reimer

West-Berliner auf der 01

Für im Interzonenverkehr eingesetzte Lokpersonale der DR galten schon seit 1960 separate, nicht mehr auch in andere Schnellzugumläufe eingebundene Dienstpläne. Nach Abriegelung der innerdeutschen Grenze und dem Bau der Berliner Mauer am 13. August 1961 durften nur noch Reichsbahner in die Bundesrepublik und durch West-Berlin fahren, bei denen „Stasi" und Volkspolizei keine Fluchtgefahr witterten. Aber die Auswahlkriterien waren heikel, und für die Prüfung der Verlässlichkeit brauchten die misstrauischen „Organe" viel Zeit. Um dem deshalb entstandenen Personalengpass zu begegnen, erging die Direktive, für die Transitzüge zwischen Berlin und dem Bundesgebiet in West-Berlin wohnende Lokpersonale einzusetzen.
Heinz Schnabel, damals Abteilungsleiter Triebfahrzeugdienst beim Bw Halle P, berichtete im von Robin Garn herausgegebenen Buch „Reichsbahn ohne Reich – Band 2" (Verlag LOK Report 1999) über die aus der neuen Maßnahme resultierenden Schwierigkeiten. Mit 74ern und 93ern vertraute, aber nie auf Schnellzuglokomotiven gefahrene Personale des Bw Grunewald mussten plötzlich mit 01ern klarkommen, u.a. im Durchlauf vom Betriebsbahnhof Berlin-Rummelsburg über ca. 400 km bis Bebra. Eingesetzt wurden dabei zwei Personale (jeweils Lokführer und Heizer), von denen eines im Dienstabteil mitfuhr. Personalwechsel fand beim zum Wasserfassen und Vorräumen der Kohle genutzten Halt in Großheringen statt. Beim Dienstantritt standen die „West-Berliner" – so Schnabel – „vor der 01 wie die Kuh vorm Tor". Verspätungen und Lokschäden gab es bereits am ersten Tag. Daraufhin sollten maschinentechnische Kontrollkräfte die Pünktlichkeit sichern. Heinz Schnabel wurde beauftragt, zwischen Großheringen und Griebnitzsee den D 1/2 (Paris/Basel–) Frankfurt/Main–Berlin und zurück zu begleiten, den Abschnitt ab/bis Wartha hatten Kollegen der Rbd Erfurt „zu eskortieren".
Schnabel im Wortlaut über die erste Fahrt ab Großheringen: „Beim Hochsteigen auf die Ostbahnhofer 01 glaubte ich, eine Bombe hätte auf dem Führerstand eingeschlagen. Es lag dort mehr Kohle verstreut als auf dem Tender. Beide Wasserstandseinrichtungen waren abgesperrt, da die Gläser gebrochen waren. Das Kesselmanometer zeigte noch 12 bar – und das nach der Talfahrt seit dem Block Ulla hinter Weimar. Während der Heizer Kohle im Tender vorholte, setzte ich erst einmal links ein neues Glas in den Wasserstand und war etwas beruhigt, als überhaupt noch Wasser im Kessel über der Marke angezeigt wurde ..."
Im Weiteren schildert Schnabel: „Um pünktlich zu fahren und das Ansehen der DDR zu retten, haben wir oft die Vorschriften in der Bedienung einer Dampflok auf das Gröblichste verletzt ... Dieser Zirkus spielte sich bis in den Herbst 1961 ab. In diesen Wochen wurde das Kunststück vollbracht, einen nennenswerten Anteil an 01 in Grund und Boden zu fahren ..."
Dem Bildtext zu einem auf der Internetseite der Eisenbahnstiftung Joachim Schmidt (eisenbahnstiftung.de/bildergalerie) gezeigten Foto der von Carl Bellingrodt bei Hönebach abgelichteten 01 184 ist allerdings zu entnehmen, dass West-Berliner Personale noch im Winter 1961/62 und Sommer 1962 mit 01ern des Bw Berlin Ostbahnhof von Berlin bis Wutha (bei Eisenach) fuhren. Dort hätten dem Bw Eisenach zugeteilte Maschinen der Baureihe 01 die Züge bis Bebra übernommen: so die vom 30. Oktober 1961 bis 9. November 1962 in Eisenach beheimatete 01 184 und die ab 27. Oktober 1961 dort stationierte 01 218, die zum Sommer 1962 von der 01 143 abgelöst worden sei.
Nun ja: Bekanntlich übernahmen im Laufe des Winterfahrplans 1962/63 Erfurter 01^5 die Beförderung der Züge des Berlin-Transits zumindest zwischen Erfurt und Bebra, wenig später auch im Abschnitt Berlin–Erfurt, das sicher nicht mit West-Berliner Personalen. Auf Dampflokomotiven befuhren diese wohl bald nur noch die Route Berlin–Helmstedt, längstens bis Anfang Juni 1973 auf den bis dahin vor den D 118/119 eingesetzten 01ern des Bw Berlin Ostbahnhof.

01 036 und 01 533 mit D 199 nach Cottbus vor Hönebach (1967). *Foto: R. Gumbert*

01 0525 in Hamburg-Altona (März 1973). ***Foto: E. Landes/Slg. Eisenbahnfreunde Hannover***

Sangerhausen bis Magdeburg. Im Sommer 1959 besaß das Bw Erfurt P 26 einsatzfähige 01, die jeweils Monatslaufleistungen von 9000 bis 13 000 km erbrachten.

Die Magdeburger 01, fast durchweg solche mit 850-mm-Laufrädern, beförderten Interzonenzüge zwischen Berlin und Helmstedt, gaben diese Leistungen im Sommer 1961 aber an zum Bw Berlin Ostbahnhof umstationierte Lokomotiven ab. Weiterhin oblag dem Bw Magdeburg Hbf die Bespannung von Schnellzügen zwischen Berlin und Halberstadt. Als Paradeleistung kam in den 1960er Jahren das Zugpaar D 113/114 (Köln – Görlitz – Köln) hinzu, wobei die 01 auf dem Abschnitt Helmstedt – Görlitz via Zentralflughafen Berlin-Schönefeld einen Langlauf über 398 km absolvierten. Wittenberger 01 beförderten die Interzonenzüge zwischen Berlin und Hamburg; mit Schnellzügen des DDR-Binnenverkehrs erreichten sie ebenfalls Berlin, ferner Schwerin, Rostock und Magdeburg. Ab 1961 erhielt das Bw Wittenberge allerdings als 01-Ersatz Maschinen der Baureihe 03. Hingegen mussten viele 03 beim Bw Berlin Ostbahnhof ab August 1961 aus Wittenberge, Magdeburg und Erfurt umbeheimateten 01ern weichen. Diese übernahmen vor allem die bisher von Magdeburger Loks gefahrenen Leistungen zwischen Berlin und Helmstedt, außerdem lösten sie vorübergehend Erfurter 01 in der Relation Berlin – Bebra ab. Auf den nach Helmstedt eingesetzten Lokomotiven fuhren nach dem Mauerbau dauerhaft West-Berliner Personale, wohl nur für kurze Zeit vertraute man ihnen auch die Züge auf der Route nach Bebra an (siehe den Text „West-Berliner auf der 01“ auf Seite 95).

Einzelne 01 wurden in den 1960er Jahren den zur Rbd Berlin gehörigen Bahnbetriebswerken Jüterbog und Seddin zugewiesen, um Züge der „Gruppe der So-

Am 18. Mai 1962 fährt die 01 218 mit zwei Doppelstock-Einheiten am Bahnbetriebswerk in Weißenfels vorbei. ***Foto: G. Illner/Slg. Garn***

01 0510 mit D 336 nach Hamburg auf der Berliner Stadtbahn (1976). ***Foto: K. Koschinski***

wjetischen Streitkräfte in Deutschland" bis zum Grenzbahnhof Frankfurt (Oder) zu befördern.

Die von 1962 bis 1965 zur 01^5 rekonstruierten Maschinen begannen ihren neuen Lebensabschnitt mit Ausnahme der für messtechnische Zwecke anfangs der VES-M Halle zugewiesenen 01 501 und 504 beim Bw Erfurt P. Kurz nach Indienststellung der ersten 01^5 Öl gab das Bw Erfurt P im Mai 1964 die kohlegefeuerte 01 515 an das Bw Berlin Ostbahnhof ab, wohin ihr bis 1966 die übrigen sechs nicht auf Ölfeuerung umgebauten 01^5 folgten. Mit Anlieferung der 01 535 am 1. Juni 1965 ergab sich in Erfurt ein Höchstbestand von 29 Lokomotiven der Baureihe 01^5. Um diese Zeit erreichten die Maschinen Monatslaufleistungen zwischen 10 000 und 15 000 km, einzelne auch über 17 000 km. Besonders kilometerintensiv waren damals die Umläufe mit den Transitzügen D 1/2 und D 5/6 zwischen Bebra und Berlin (mit Lokwechsel in Erfurt Ost oder Vieselbach bei Erfurt) sowie D 130/129 und D 152/151 zwischen Berlin und Probstzella (im Durchlauf über 330 km).

Im August und September 1965 wechselten drei 01^5 Öl vom Bw Erfurt P zum Bw Wittenberge, das sich innerhalb der nächsten zwei Jahre zur zweiten wichtigen

Die 01 516 ist am 7. März 1970 bei Helmstedt mit einem britischen Militärschnellzug nach Berlin unterwegs. ***Foto: R. Wiesemeyer***

Heimatdienststelle der ölgefeuerten Rekoloks entwickelte. Während der Erfurter Bestand mit Elektrifizierung der Strecke Halle/Leipzig – Erfurt – Neudietendorf rapide zurückging, wuchs der Wittenberger Bestand stark an. In Erfurt pendelte er sich Ende der 1960er Jahre auf 12 oder 13 Maschinen ein, ihr Einsatz konzentrierte sich nun auf die Strecke Erfurt – Bebra.

Für die 15 oder 16 Lokomotiven des Bw Wittenberge gab es in den Relationen Berlin – Schwerin/Hamburg und Rostock – Magdeburg ausreichend Beschäftigung. Die monatlichen Laufleistungen pro Lok lagen bei 8000 bis 20 000 km. In der Winterfahrplanperiode 1967/68 waren sieben 01^5 Öl beim Bw Saalfeld stationiert, die vor allem bisher dem Bw Erfurt obliegende Leistungen im Transitverkehr zwischen Probstzella und Berlin übernahmen. Dies blieb indes eine Episode, erst ab 1973 erlangte Saalfeld erneut Bedeutung als Heimatdienststelle der 01^5 Öl und schließlich als deren letzte Hochburg.

Paradestrecke Berlin – Dresden

Die nicht umgebauten 01 wurden durch die Reko-01 aus Erfurt für immer und aus Wittenberge einstweilen verdrängt. Dafür erschienen die „Großohrigen" nach langer Zeit 1967 wieder beim Bw Dresden. Die dort beheimateten Loks teilten sich mit Altbau-01 sowie 01^5 Kohle des Bw Berlin Ostbahnhof die Schnellzugleistungen zwischen Berlin und Dresden. Auf dieser „Paradestrecke" durften sie für rund zehn Jahre noch einmal in der Königsdisziplin brillieren, vor schweren internationalen D-Zügen wie Balt-Orient-Expreß, Pannonia, Istropolitan und Meridian hoch beansprucht. Auf der Ost-West-Magistrale zwischen Berlin und Helmstedt übernahmen 1967 die V 180 das Zepter, doch mischten Berliner 01 beider Spielarten weiterhin im Transitverkehr zwischen West-Berlin und der Bundesrepublik mit, wobei sie auch internationale Züge wie D 110/109 (Laufweg Warschau – Bonn) bespannten. Das reorganisierte Bw Magdeburg hatte die Dampflokunterhaltung 1966 nach Magdeburg-Rothensee verlagert, die wenigen noch 1970 dort betreuten Altbau-01 erreichten planmäßig Berlin (im Binnenverkehr über den Außenring) sowie Schwerin und Rostock. Einige schließlich wieder dem Bw Wittenberge zugewiesene 01 der Einheitsbauart halfen oft in 01^5-Plänen aus.

Nach vereinzelten Ausmusterungen erhielten 25 Altbau-01 die per 1. Juni 1970 eingeführten EDV-Nummern. Die neue Baureihenbezeichnung lautete offiziell 01.2, wobei sich in der Literatur aber die Schreibweise 01.20 einbürgerte. Den bisherigen

Ordnungsnummern stellte man die Tausenderziffer 2 voran und fügte selbstverständlich eine EDV-Kontrollziffer hinzu (z.B. hieß die 01 014 nun 01 2014-7). Einen Monat nach dem Umzeichnungs-Stichtag verteilten sich die 01.20 am 1. Juli 1970 auf die Bahnbetriebswerke Berlin Ostbahnhof (8 Loks), Dresden (9), Magdeburg (6) und Wittenberge (2). Außerdem wurden zwei Maschinen, die 01 005 beim Bw Magdeburg und die 01 089 beim Bw Stendal, als z-Loks geführt. Die seit Februar 1969 abgestellte 01 005 gehörte noch bis Ende 1974 zum z-Park, dann bekam sie als ältestes Exemplar ihrer Baureihe offiziell die Weihen einer (nicht betriebsfähig zu erhaltenden) Museumslokomotive.

Die 01^5 blieben bis 1977 vollzählig im Betriebspark. Die ölgefeuerte Version bezeichnete die DR gemäß dem neuen Nummernplan offiziell als 01.0, die kohlegefeuerte

01 0508 ist am 15. September 1976 in Leipzig Hbf eingetroffen. ***Fotos: J. Nelkenbrecher (2)***

01 1514 rangiert im April 1977 in Berlin-Lichtenberg. ***Foto: W. Matussek/Archiv Ritz***

Meiningen 1972: Mit Boxpok-Rädern wartet 01 085 auf die Verschrottung. ***Foto: Slg. Griebl***

Bis September 1977 Alltag in Dresden: 01 1516 beschleunigt einen Schnellzug nach Berlin.

als 01.1. (Durch Voranstellen der 1 vor die bisherige Ordnungsnummer änderte sich z.B. 01 506 in 01 1506-3.) In der Literatur wählte man häufig die Schreibweisen 01.05 und 01.15. Die 28 Ölloks waren am 1. Juli 1970 den Bw Erfurt (13) und Wittenberge (15) zugeteilt, die sieben Kohle-01^5 nach wie vor dem Bw Berlin Ostbahnhof.

Beim Bw Magdeburg ging der 01-Einsatz im Jahr 1971 zu Ende. Das Bw Wittenberge stockte den Bestand an Altbau-01 vorübergehend auf sechs Loks auf, kam nach 1973 aber wieder mit der 01^5 Öl aus. Die 01 2048 diente von 1971 bis 1975 als „eiserne Reserve" des Bw Rostock. Am 1. Juli 1975 verfügten nur noch die Bw Berlin Ostbahnhof (6) und Dresden (9) über betriebsfähige 01 der Einheitsbauart. Berliner Altbau- und Reko-01 bespannten mittlerweile auch die Zugpaare D 310/311 und E 314/315 „Gedania" auf der Route Berlin – Szczecin (Stettin). Ansonsten konzentrierte sich der Einsatz der kohlegefeuerten 01 beider Versionen auf die Paradestrecke Berlin – Dresden. Die Leistungen zwischen Berlin und Helmstedt – zuletzt D 118/119 – waren schon seit 2. Juni 1973 passé.

Für die ölgefeuerten 01^5 brachte der Fahrplanwechsel am 3. Juni 1973 eine Zäsur. Von nun an kamen sie nicht mehr nach Hamburg und Bebra, da auf den Abschnitten Büchen – Hamburg und Gerstungen – Bebra Diesellokomotiven der Bundesbahn die Schnellzugförderung übernahmen. Während den Wittenberger Ölloks neben anderen Leistungen bis 25. September 1976 immerhin noch die Traktion der Transitzüge im Abschnitt Berlin – Wittenberge verblieb, konnte das Bw Erfurt nun auf die Pazifiks völlig verzichten. Infolgedessen drehte sich das Umbeheimatungskarussell: Sieben Erfurter 01^5 wechselten 1973 zum Bw Saalfeld, drei zum Bw Pasewalk (das außerdem eine Lok aus Wittenberge erhielt) und zwei zum Bw Rostock, wo bereits seit 1971 mehrfach 01^5 ein Gastspiel gaben. Nachdem am 1. August 1976 die Meterlast für die Wittenberger Elbbrücke herabgesetzt werden musste, war die Strecke Wittenberge – Magdeburg für die 01^5 tabu. Deshalb gab das Bw Wittenberge im Herbst 1976 den 01^5-Plan auf, behielt lediglich fünf Exemplare in Reserve und reichte die übrigen nach Saalfeld, Pasewalk und nur für Heizdienste auch nach Schwerin weiter.

Am 24. September 1977 beförderten Altbau-01 und kohlegefeuerte 01^5 letztmals planmäßig Schnellzüge zwischen Berlin

01 2016 mit PKP-Schnellzugwagen in Lübben (Spreewald). ***Foto (1975): Ch. Rosenzweig***

Juni 1979: 01 0535 (Bw Pasewalk) donnert durch Prenzlau. ***Foto: Baumann/Slg. Hengst***

und Dresden. Mit dem Einsatz der 01 2207 vor dem D 271 „Meridian" (Malmö – Beograd) endete hier eine glorreiche Ära. Am Tag danach versammelten sich die 01 2050, 2066, 2118, 2120, 2204 und 2207 vor dem Altstädter Heizhaus 1 zur großen Abschiedsparade. Allerdings sprang die Berliner 01 1516 bis November 1977 auf der Strecke Berlin – Dresden noch gelegentlich für defekte Dieselloks der Baureihe 132 ein. Just der 01 1516 machte dann am 27. November 1977 ein tragisches Unglück den Garaus: An diesem Tag musste sie als Ersatz für die schadhaft gewordene Leipziger 03 2121 den D 567 von Berlin nach Leipzig bespannen. Bei der Einfahrt in den Bahnhof Bitterfeld zerknallte aufgrund von Wassermangel ihr Kessel – zweifellos auch eine Folge eklatanter Bedienfehler. Das Leipziger Lokpersonal gehörte zu den sieben Todesopfern.

Für die übrigen 01.15 und die nunmehr 50-jährigen Berliner 01 2029 und 2065 gab es weiterhin den Umlauf mit den zwei genannten Zugpaaren zwischen Berlin und Szczecin. Die 1970 schon einmal aus dem Betriebspark ausgeschiedene 01 2065 hatte – nach vorübergehendem Dasein als Lehr- und Anschauungsobjekt im Bw Berlin-Schöneweide – im Jahr 1973 den Kessel der 01 226 erhalten. Noch bis Sommer 1979 teilte sie sich mit 01.15 die Stettiner Leistungen, ehe diese am 29. September 1979 auf die Baureihe 118 übergingen.

Die Berliner 01 2114 und die Dresdner 01 2137 verschlug es 1978 zum Bw Halberstadt, wo sie sich vor Personenzügen zwischen Halberstadt und Magdeburg ein Gnadenbrot verdienten. Ansonsten fristeten die im Bestand verbliebenen kohlegefeuerten 01.20 und 01.15 meist ein Dasein als Heizlokomotiven, desgleichen 1979/80 viele ölgefeuerte 01.05.

Am 31. Dezember 1979 gehörten noch sechs 01.20 zum Betriebspark: die für Heizdienste verwendeten Loks der Bw Berlin-Schöneweide (01 2029, 2065) und Mag-

Vereinzelt waren die Saalfelder Kohle-01 im Sommer 1980 auch vor Güterzügen im Einsatz: 01 1518 dampft am Bw Saalfeld vorbei. ***Foto: A. Ritz***

01 1512 hat am 21. Mai 1980 mit P 4009 Ausfahrt aus Uhlstädt. ***Foto: J. Nelkenbrecher***

deburg (01 2114, 2118) sowie die Halberstädter 01 2137 und die Dresdener 01 2204. Ebenfalls zum Betriebspark zählten vier Heizloks der Baureihe 01.15 bei den Bw Berlin-Schöneweide (01 1512, 1518) und Stendal (01 1511, 1514). Die 27 betriebsfähigen 01.05 verteilten sich auf die Bw Pasewalk (4), Rostock (4), Schwerin (3) und Saalfeld (16).

Ausklang im Plandienst

Regulär im Zugdienst verwendet wurden ab Ende September 1979 noch die 01^5 Öl der Bw Saalfeld und Pasewalk. Die Pasewalker Lokomotiven beförderten in einem Mischplan mit der dem Bw Pasewalk zugewiesenen 132 253 Schnellzüge auf der Strecke Berlin – Pasewalk – Stralsund, nach Eintreffen einer zweiten 132er im November kamen sie bis Februar 1980 nur noch sporadisch zum Einsatz. Das Bw Saalfeld verfügte seit dem Zugang der letzten Maschine aus Wittenberge (01 0524) im Oktober 1978 über 16 ölgefeuerte 01^5. Im Winter 1979/80 gab es für sieben Planloks noch Leistungen auf der Saalebahn nach Camburg (mit D 504 weiter bis Halle) sowie auf der Strecke Saalfeld – Gera – Leipzig.

Die Berliner 01 2114 verschlug es 1978 zum Bw Halberstadt: Mit P 8448 verlässt sie hier Nienhagen (11.10.1978). ***Foto: W. Bügel/Eisenbahnstiftung***

Mit Entlastungs-Schnellzügen befuhren die Loks bis 1981 sogar noch die Transitroute Probstzella – Halle – Berlin, letztmalig brachte am 17. Juni 1981 die 01 0531 den D 10300 aus München nach Berlin. Regulär hatten 01.05 hier zuletzt im Winter 1978/79 das saisonale Autoreisezugpaar D 1100/1101 befördert.

Ab März 1980 erlebten in Saalfeld kohlegefeuerte 01 ein sensationelles Comeback: Der drastisch gestiegene Preis für das aus der Sowjetunion importierte Erdöl zwang die DR zur Einsparung von Heizöl und Dieselkraftstoff. So beorderte sie die zuletzt für Heizdienste verwendeten 01 1511, 1512, 1514, 1518, 2114 und 2118 nach Saalfeld, wo sie von März bis Juli 1980 eintrafen. Außerdem kam im März die als designierte Museumslok eben erst in Meiningen ausgebesserte 01 2204 zum Bw Saalfeld. Gleichzeitig wurden die ölgefeuerten 01^5 teilweise abgestellt. Zunächst setzte man die Kohleloks gemeinsam mit 01^5 Öl ein. Der zum Sommerfahrplan 1980 für die Kohle-01 neu eingerichtete Vier-Tage-Umlauf enthielt hauptsächlich Eil- und Personenzüge auf der Strecke über Gera nach Leipzig, u.a. aber auch weiterhin den D 504 durch das Saaletal bis Halle. Im Winter 1980/81 galt ein Mischplan mit den wenigen noch aktiven Ölloks. Ende Februar 1981 war es mit der Episode der Kohle-01 in Saalfeld freilich schon wieder vorbei, die erst im Januar 1981 in Saalfeld eingetroffene 01 2137 kam nicht mehr zum Zuge.

Die restliche Geschichte der Baureihe 01 bei der DR könnte man noch endlos auswalzen, denn allein über auf die ganze Republik verstreute Heizloks gäbe es viel zu berichten. Beschränken wir uns auf den Ausklang des Plandienstes: Für die Saalfelder 01.05 endete er im Oktober 1981, wobei es bis Anfang 1982 Nachgeplänkel gab. Als letzte Ölloks wurden die 01 0519 und 0520 am 8. Januar 1982 abgestellt. Bei den Bw Halberstadt (01 1511), Güsten und Magdeburg (01 1512) flackerte 1982 nochmals der Plandienst mit kohlegefeuerten Reko-01 auf. Das Bw Magdeburg sah für die 01 1512 zu Beginn des Winterfahrplans einen standesgemäßen D-Zug-Umlauf auf der Strecke nach Berlin vor, aber bereits am 29. September 1982 setzte ein Schieberriss die Maschine außer Gefecht. Der Plandienst mit Altbau-01 ging beim Bw Wismar zu Ende: Von November 1981 bis Mai 1982 dampfte 01 2204 mit Personenzügen nach Güstrow, Rostock und Stralsund. Kurz danach reiste sie in den Westen, zum Museum Hermeskeil aus. Weiteren in den Westen gelangten 01 und natürlich den auf dem Gebiet der DDR verbliebenen Museumsloks ist ebenso wie den museal erhaltenen 01 der Bundesbahn der nachfolgende Beitrag gewidmet. ❑

01 2204 (Bw Wismar) bei Neubukow (11.4.1982). ***Foto: Ch. Weinkopf/Eisenbahnstiftung***

01 150 und 01 202 bezwingen am 9. November 2013 mit einem Sonderzug die Schiefe Ebene. *Foto: G. Feuereißen*

FÜR DIE NACHWELT **BEWAHRT**

Immerhin 18 Exemplare der Baureihe 01, darunter drei von der DB neu bekesselte und fünf zur 01^5 rekonstruierte der DR, sind museal erhalten. Acht Maschinen dampfen gelegentlich vor Sonderzügen. Spektakulär zu neuem Leben erwachten in jüngerer Zeit die ausgebrannte 01 150 und die aus der Schweiz nach Deutschland zurückgekehrte 01 180

Im Jahr 1975 stufte das Ministerium für Verkehrswesen der DDR die seit 1969 abgestellte Magdeburger **01 005** als technisches Denkmal ein. So kam die älteste bei der Deutschen Reichsbahn vorhandene Einheits-Schnellzugdampflok in die Obhut des Verkehrsmuseums Dresden (VMD). Heute wird die Maschine als Leihgabe des VMD im Traditions-Bahnbetriebswerk Staßfurt gepflegt.

Mit der **01 008** ist auch die schon einen Tag vor der 01 001 (am 28. Januar 1926) abgenommene Lokomotive der Baumusterserie erhalten geblieben. Jedoch repräsentiert die nach ihrer Hofer Dienstzeit von der Deutschen Gesellschaft für Eisenbahngeschichte (DGEG) erworbene, zu den Schätzen des Eisenbahnmuseums Bochum-Dahlhausen zählende 01 008 aufgrund bundesbahntypischer Bauartänderungen nicht mehr den Ursprungszustand.

Die zuletzt in Dresden beheimatete **01 066** fristete von 1978 bis 1990 ein Dasein als Dampfspender beim VEB Fettgewinnung Nauen. 1992/93 baute das Raw Meiningen die vom Bayerischen Eisenbahnmuseum Nördlingen erworbene Maschine wieder auf. Dank erneuter Revisionen ist sie weiterhin vor Sonderzügen zu erleben. Als Ersatzteilspender diente die noch als Torso vorhandene 01 024 (ebenfalls ex DR).

Die als letzte Bundesbahn-01 im März 1974 ausgemusterte **01 111** gehört dem Deutschen Dampflokmuseum (DDM) in Neuenmarkt-Wirsberg. Somit ist sie am Fuß der Schiefen Ebene aufbewahrt, die sie noch bis 1973 regelmäßig mit donnernden Auspuffschlägen erklomm.

Als einziges Exemplar ihrer Baureihe ist die **01 118** seit ihrer Indienststellung im Jahr 1934 fast ununterbrochen betriebsfähig. Kurz nach ihrer 1981 in Saalfeld beendeten Karriere bei der DR kam sie zur Historischen Eisenbahn Frankfurt/Main (HEF). Ab 1985 mischte sie im Nostalgiefahrten-Programm der Bundesbahn mit.

Star vieler Plandampfveranstaltungen war die noch bis 1991 zum DR-Betriebspark gehörende und dann als betriebsfähige Museumslokomotive agierende Dresdner **01 137**. Auch in Regie des DB Museums blieb diese klassische Altbau-01 im Dienst. Seit Fristablauf im August 2000 kann sie im ehemaligen Bw Dresden-Altstadt nur noch als Ausstellungsstück bewundert werden.

Die bis 1973 beim Bw Hof aktive **01 150** gelangte in den Besitz des Bielefelder Fabrikanten Seidensticker. Nach Rückkauf setzte das DB Museum sie von 1989 bis 1997 vor Sonderzügen ein. Beim Großbrand des Ringlokschuppens im ehemaligen Bw Nürnberg Hbf in der Nacht vom 17. auf den 18. Oktober 2005 wurde die dort abgestellte Maschine schwerstbeschädigt. Nachdem das DB Museum entschieden hatte, sie äußerlich wieder herrichten zu lassen, startete ihr langjähriger Betreuer Olaf Teubert im Jahr 2007 eine Initiative

01 0509 begegnet am Heißener Berg in Mülheim (Ruhr) einem ICE. ***Foto (2015): J. Bügel***

mit dem Ziel der betriebsfähigen Aufarbeitung. Bei der von der Eisenbahnstiftung Joachim Schmidt und der Stiftung Deutsche Eisenbahn unterstützten Spendenaktion sowie mit Sponsorengeldern (in erheblichem Umfang von der Firma Märklin) und massiver Finanzspritze der DB AG kamen fast eine Million Euro zusammen. Das im Oktober 2010 mit der Hauptuntersuchung beauftragte Dampflokwerk Meiningen fertigte einen kompletten Nachbaukessel. Im August 2012 genehmigte das Eisenbahn-Bundesamt die Inbetriebnahme der schon im Dezember 2011 für Probefahrten betriebsbereiten Lokomotive. Am 23. Mai 2013 verließ die 01 150 Meiningen mit einem Sonderzug nach Nürnberg. Betreut wurde die weiterhin dem DB Museum gehörende, jedoch von der Eisenbahnstiftung Joachim Schmidt betriebene Lok zunächst in Heilbronn, seit November 2015 ist sie in Hanau stationiert.

Bei der **01 164** handelt es sich (neben der 01 180 und 220) um eine der drei erhaltenen 01 mit DB-Neubaukessel. Sie gehört einem Privatmann und befindet sich – zwischenzeitlich in Lichtenfels hinterstellt – wieder im DDM Neuenmarkt-Wirsberg, zählt aber nicht zu den dort ständig gezeigten Exponaten.

Die **01 173** absolvierte nach ihrem Ausscheiden aus dem Bundesbahn-Dienst 1974/75 Sonderfahrten in Regie der Ulmer Eisenbahnfreunde. 1979 kam sie nach Berlin und wurde dort 1986 in ein Depot des Museums für Verkehr und Technik, heute Deutsches Technikmuseum (DTM) Berlin, überführt. Im Jahr 2008 überließ der Verein „Freunde und Förderer des DTMB" die Lok leihweise wieder den Ulmer Eisenbahnfreunden, die in der Werkstatt des ehemaligen Bw Heilbronn mit der Aufarbeitung in einen betriebsfähigen Zustand begonnen haben.

Die von einem Schweizer Unternehmer gekaufte **01 180**, eine der letzten Hofer Neubaukessel-01, war seit Mai 1975 in Bowil (Schweiz) als Denkmal aufgestellt. Von dort wurde die nunmehr vom Bayerischen Eisenbahnmuseum (BEM) erworbene Maschine im Juni 2011 nach Nördlingen überführt. Nach dreijähriger Aufarbeitung in Nördlingen und zuletzt Neubereifung der Radsätze im Dampflokwerk Meiningen absolvierte die 01 180 am 30. November 2014 erfolg-

Museal erhaltene 01 *(Stand Oktober 2018)*

ehemals Deutsche Bundesbahn

01 008	DGEG, Eisenbahnmuseum Bochum-Dahlhausen
01 111	DDM Neuenmarkt-Wirsberg
01 150	DB Museum/Eisenbahnstiftung Joachim Schmidt Standort Hanau
01 164	Privatbesitz, Standort DDM Neuenmarkt-Wirsberg
01 173	Förderverein des DTM Berlin leihweise an Ulmer Eisenbahnfreunde (Heilbronn)
01 180	Bayerisches Eisenbahnmuseum Nördlingen
01 202	Verein „Pacific 202", Lyss (Schweiz)
01 220	Denkmal in Treuchtlingen, Altmühlufer

ehemals Deutsche Reichsbahn in der DDR

01 005	VM Dresden, Leihgabe im Traditions-Bw Staßfurt
01 066	Bayerisches Eisenbahnmuseum Nördlingen
01 118	Historische Eisenbahn Frankfurt (Main)
01 137	DB Museum, Standort Bw Dresden-Altstadt
01 204	Slg. Falz, Eisenbahnmuseum Hermeskeil
01 509	Pressnitztalbahn GmbH (PRESS), Glauchau
01 514	Technik-Museum Speyer
01 519	Eisenbahnfreunde Zollernbahn, Rottweil
01 531	DB Museum, Bw Arnstadt (hist.)
01 533	ÖGEG, Standort Ampflwang (Österreich)

Anmerkung:

Loks mit halbfetten Nummern sind betriebsfähig.

01 2066, 001 150 und 012 066 bei Lindau (8. August 2015). ***Foto: J. Schmidt***

Legendäre Schiefe Ebene: 001 180 und 001 150 am 31. Juli 2015 auf Bergfahrt an der ehemaligen Blockstelle Streitmühle. *Foto: R. Steger*

Gotthardbahn: 01 202 und 01 150 arbeiten sich am 27. Juni 2015 bei Amsteg kraftvoll die Nordrampe hinauf. *Foto: O. Bachmann*

reich ihre Lastprobefahrt. Sie erfreut seitdem als einzige betriebsfähige 01 mit DB-Neubaukessel die Fangemeinde.

Ebenfalls in eidgenössische Hand kam die zum Schluss in Hof stationierte **01 202**, die ihren Altbaukessel behalten hat, aber in der Frontpartie den Loks mit Neubaukessel angeglichen worden ist. Die 1992 wieder in Betrieb genommene Maschine des in Lyss ansässigen Vereins „Pacific 01 202" begeisterte mehrmals mit Sonderfahrten über den Gotthard. Ihren hervorragenden technischen Zustand bewies sie eindrucksvoll auch im April 2018 beim Dampfspektakel rund um Trier.

Die 1977 von der Reichsbahn als Traditionslokomotive eingestufte Dresdner **01 204** erbrachte ihre letzten Planleistungen 1981/82 beim Bw Wismar. Danach wurde sie an den Unternehmer Bernd Falz verkauft, der sie im Eisenbahnmuseum Hermeskeil aufstellte, ihrem heutigen Domizil.

Bereits seit 1969 steht die von der DB neubekesselte **01 220** auf einem Denkmalsockel in Treuchtlingen. Die Stadt hatte die beim Bw Nürnberg Rbf ausgemusterte Lok anlässlich des hundertjährigen Bahnhofsjubiläums und in Erinnerung an die Treuchtlinger 01-Ära leihweise von der Bundesbahn übernommen.

Die an die Albtal-Verkehrsgesellschaft veräußerte ölgefeuerte **01 509** (ex 01 143) war bis Februar 2005 vom Verein „Historischer Dampfschnellzug" (HDS), einer Sektion der Ulmer Eisenbahnfreunde (UEF) eingesetzt, aufgrund eines schweren Kesselschadens musste sie abgestellt werden. Seit der im März 2010 im Dampflokwerk Meiningen abgeschlossenen Hauptuntersuchung ist die von der Eisenbahn-Bau- und Betriebsgesellschaft Pressnitztalbahn mbH (PRESS) erworbene Maschine wieder betriebsfähig.

Die bis 1988 von der Historischen Eisenbahn Frankfurt/Main (HEF) eingesetzte **01 514** (ex 01 208) befindet sich im Technik-Museum Speyer.

Die von Öl- auf Kohlefeuerung umgebaute **01 519** (ex 01 186) gelangte über das Liechtensteiner Unternehmen Jelka zu den Eisenbahnfreunden Zollernbahn, die sie von Mai 1995 bis zum Fristablauf im Mai 2007 vor Sonderzügen einsetzten. Im Februar 2015 kehrte die Lok von einer erneuten Revision in Meiningen nach Rottweil zurück, wo man an ihr letzte Arbeiten ausführte. Seit Oktober 2015 ist sie wieder einsatzbereit.

Hingegen ist die ebenfalls auf Kohlefeuerung umgebaute DB-Museumslok **01 531** (ex 01 158) seit Juni 2000 im Bw Arnstadt (hist.) abgestellt, Pläne zur Reaktivierung durch die Dampf-Plus GmbH haben sich zerschlagen. Besser geht es der von der Österreichischen Gesellschaft für Eisenbahngeschichte (ÖGEG) in Ampflwang betreuten und seit 1992 betriebsfähig erhaltenen **01 533** (ex 01 116). Nach Abschluss der gegenwärtigen Hauptuntersuchung soll sie ab 2020 wieder dampfen. Auch diese Kohlelok war früher ölgefeuert. ❑

01 0509 und 01 1519 bei Niederwiesa (April 2016). ***Foto: J. Schmidt/Eisenbahnstiftung***

Berliner Stadtbahn: 01 137 mit Sonderzug in der West-City (1987). ***Foto: K. Koschinski***

VOM DB-STOLZ ZUM KULTOBJEKT

Weitere Extra-Ausgaben vom Eisenbahn-Journal

Rhätische Bahn RhB
Best.-Nr. 701401

DB in den 80ern
Best.-Nr. 701402

DR in den 80ern
Best.-Nr. 701501

Baureihen 44 und 85
Best.-Nr. 701502

Gotthardbahn
Best.-Nr. 701601

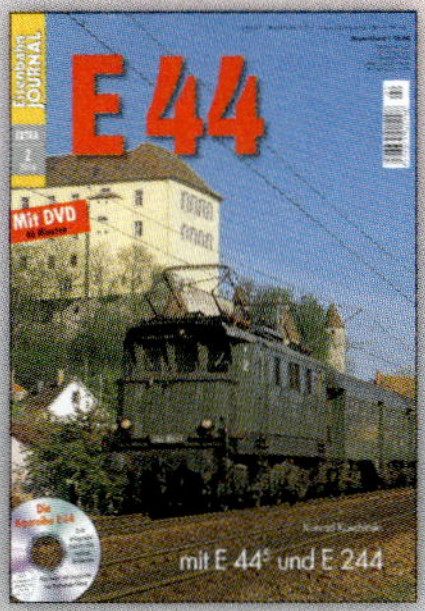

E 44
Best.-Nr. 701602

DB und DR
Best.-Nr. 701701

Baureihe 218
Best.-Nr. 701702

Jede Ausgabe mit 116 Seiten im DIN-A4-Format, Klebebindung, ca. 150 Abbildungen, inkl. Video-DVD, je € 15,–

Die V 200 war der Stolz der jungen Bundesbahn. Bis 1959 wurden insgesamt 86 Exemplare in Dienst gestellt, 50 weitere mit stärkeren Motoren folgten bis 1965. In den Anfangsjahren führten die V 200 zahlreiche Fernschnellzüge mit klingenden Namen wie „Rheingold" und „Blauer Enzian", „Gambrinus" und „Hanseat". Insgesamt 36 Maschinen beider V-200-Spielarten sind aber noch heute in Deutschland erhalten. Diese Extra-Ausgabe des Eisenbahn-Journals dokumentiert die Geschichte der V 200 mit einem kompetenten Text und zahlreichen, bislang meist unveröffentlichten Fotos, vielen Zeichnungen und einer aktuellen Statistik. Die beiliegende Video-DVD zeigt in dem Film „221 127 – Die große Bundesbahn-V 200" die wohl populärste deutsche Diesellokomotive im Einsatz im Ruhrgebiet in den 1980er Jahren.

116 Seiten, DIN-A4-Format, Klebebindung, über 150 Abbildungen, inkl. RioGrande-DVD „221 127 – Die große Bundesbahn-V 200" (Laufzeit 57 Minuten)

Best.-Nr. 701801 | € 15,–

www.facebook.de/vgbahn

VGB [VERLAGSGRUPPE BAHN] Eisenbahn JOURNAL

Erhältlich im Fach- und Zeitschriftenhandel oder direkt beim EJ-Bestellservice, Am Fohlenhof 9a, 82256 Fürstenfeldbruck, Tel. 08141 / 534810, Fax 08141 / 53481-100, bestellung@vgbahn.de, www.vgbahn.de

Liefer- und Verbleibsliste

Lok-nummer	Hersteller Fabrik-Nr.	Abnahme	erstes Bw	letztes Bw	z-gestellt	ausge-mustert	Bemerkungen (++ = zerlegt)
01 001	Borsig 11993	29.01.26	Hamm P	Hamm P	01.11.58	13.02.59	++
01 002	Borsig 11994	25.02.26	Hamm P	Paderborn	01.08.59	09.06.60	++
01 003	Borsig 11995	10.02.26	Hamm P	Köln Bbf	01.03.60	30.09.60	++
01 004	Borsig 11996	12.03.26	Hamm P	Paderborn	27.09.59	09.06.60	++
01 005	Borsig 11997	18.03.26	Hof	Magdeburg	13.02.69	31.12.74	VM Dresden Bw Staßfurt
01 006	Borsig 11998	28.03.26	Hof	Gießen	20.10.65	04.03.66	++
01 007	Borsig 11999	16.04.26	Hof	Gießen	29.04.64	10.03.65	++
01 008	Borsig 12000	28.01.26	Erfurt P	Hof	01.11.73	15.12.73	DGEG Bochum-Dahlhsn.
01 009	AEG 2983	16.07.26	Erfurt P	Hof	27.02.66	20.06.66	++
01 010	AEG 2984	19.07.26	Erfurt P	Hof	01.02.66	20.06.66	++
01 012	Borsig 12023	30.03.28	Berlin Ahb	Hannover	20.05.60	30.09.60	++
01 013	Borsig 12024	30.03.28	Berlin Ahb	Hof	07.08.62	10.03.65	++
01 014	Borsig 12025	03.28	Berlin Ahb	Schwerin	02.09.75	19.04.76	zuletzt Heizlok/++
01 015	Borsig 12026	30.03.28	Berlin Ahb	Rheine	26.06.64	30.11.64	++
01 016	Borsig 12027	03.28	Berlin Ahb	Sangerhausen	02.08.77	06.10.77	zuletzt Heizlok/++
01 017	Borsig 12028	24.03.28	Berlin Ahb	Hof	12.12.66	24.02.67	++
01 018	Borsig 12029	03.28	Berlin Ahb	Wittenberge	08.06.73	13.07.73	++
01 019	Borsig 12030	31.03.28	Berlin Ahb	Trier	02.03.67	05.07.67	++
01 020	Borsig 12031	05.05.28	Berlin Ahb	Gießen	25.02.66	27.09.66	++
01 021	Borsig 12032	22.05.28	Berlin Ahb	Köln-Deutzerf.	31.05.66	19.08.66	++
01 022	Hen 20825	1927	Erfurt P	Magdeburg	30.06.72	20.08.76	++
01 023	Hen 20826	1927	Erfurt P	Magdeburg	11.04.68	18.07.69	++
01 024	Hen 20827	1927	Erfurt P	Magdeburg		25.03.68	BEM Nördlingen Ersatzteilspender
01 025	Hen 20828	24.11.27	Erfurt P	Magdeburg	30.06.72	03.11.75	++
01 026	Hen 20829	1927	Erfurt P	Erfurt P	09.12.48	20.12.50	Kriegsschaden/++
01 027	Hen 20830	1927	Erfurt P	Schwerin	21.08.73	05.08.74	zuletzt Heizlok/++
01 028	Hen 20831	1927	Erfurt P	Magdeburg	11.04.68	18.07.69	++
01 029	Hen 20832	1927	Erfurt P	Berlin-Swv	22.01.80	01.09.80	zuletzt Heizlok/++
01 030	Hen 20833	1927	Erfurt P	Erfurt P	07.10.48	05.10.50	Kriegsschaden/++
01 031	Hen 20834	14.12.27	Hamm P	Hagen-Eckesey	08.10.62	01.07.64	++
01 032	Hen 20835	14.12.27	Hamm P	Kaisersltn.	11.03.64	01.07.64	++
01 033	Hen 20836	17.12.27	Hamm P	Bremen Hbf	30.12.64	10.03.65	++
01 034	Hen 20837	20.12.27	Hamm P	Trier	23.12.66	22.05.67	++
01 035	Hen 20838	1927	Erfurt P	Erfurt P	1947	06.56	Kriegsschaden ++ bereits1954
01 036	Hen 20839	27.12.27	Erfurt P	Magdeburg	30.06.72	03.11.75	++
01 037	Hen.20840	31.12.27	Magdebg. Hbf	Trier	23.12.66	22.05.67	++
01 038	Hen 20841	03.01.28	Magdebg. Hbf	Regensburg		07.05.48	Kriegsschaden/++
01 039	Hen 20842	07.01.28	Magdebg. Hbf	Hof	04.07.70	22.09.70	++
01 040	Hen 20843	14.01.28	Magdebg. Hbf	Treuchtlingen	11.09.64	30.11.64	++
01 041	Hohenzln 4586	16.06.28	Magdebg. Hbf	Hof	14.08.66	22.11.66	++
01 042	Hohenzln 4587	27.06.28	Magdebg. Hbf	Würzburg	29.05.57	10.08.57	Unfalllok/++
01 043	Hohenzln 4588	03.07.28	Kassel	Bremen Hbf	18.04.68	02.10.68	++
01 044	Hohenzln 4589	12.06.28	Kassel	Hannover	21.01.60	30.09.60	++
01 045	Hohenzln 4590	30.08.28	Kassel	Kaiserslautern	18.03.64	01.07.64	++
01 046	Hohenzln 4591	14.09.28	Kassel	Nürnberg Rbf	29.05.67	02.10.68	++
01 047	Hohenzln 4592	02.10.28	Kassel	Trier	29.03.68	02.10.68	++
01 048	Hohenzln 4593	18.10.28	Kassel	Rostock	27.05.75	19.04.76	++
01 049	Hohenzln 4594	02.11.28	Kassel	Rheine	03.10.64	10.10.65	++
01 050	Hohenzln 4595	20.01.29	Hannover Ost	Dresden	21.02.78	20.08.80	++
01 051	Hohenzln 4596	01.02.29	Hannover Ost	Trier	07.05.68	02.10.68	++
01 052	Hohenzln 4597	05.03.29	Hannover Ost	Trier	04.03.68	21.06.68	++
01 053	BMAG 9007	18.01.28	Hannover Ost	ED Hannover		28.11.46	Kriegsschaden/++
01 054	BMAG 9008	1928	Hannover Ost	Wittenberge	08.06.73	13.07.73	++
01 055	BMAG 9009	10.01.28	Hannover Ost	Hagen-Eckesey	23.04.64	10.03.65	++
01 056	BMAG 9010	12.01.28	Hannover Ost	Hof	27.05.65	01.09.65	++
01 057	BMAG 9011	14.01.28	Hannover Ost	Dresden	12.12.75	22.06.76	++
01 058	BMAG 9012	25.01.28	Hannover Ost	Hof	26.09.67	12.03.68	++
01 059	BMAG 9013	26.01.28	Hannover Ost	Hof	19.03.67	04.03.70	++
01 060	BMAG 9014	31.01.28	Hannover Ost	Trier	30.11.65	03.04.66	++
01 061	BMAG 9015	04.02.28	Hannover Ost	Ehrang	19.09.68	11.12.68	++
01 062	BMAG 9016	09.02.28	Hannover Ost	Ehrang	08.06.70	22.09.70	++
01 063	BMAG 9017	14.02.28	Hannover Ost	Hof	28.01.67	05.07,.67	++
01 064	BMAG 9018	18.02.28	Hannover Ost	Köln-Deutzerf.	08.02.66	20.06.66	++
01 065	BMAG 9019	1928	Hannover Ost	Berlin-Swv	24.04.81	19.06.81	zuletzt Heizlok/++
01 066	BMAG 9020	27.02.28	Hannover Ost	Dresden	21.02.78	15.05.78	BEM Nördlingen
01 067	AEG 3936	28.07.28	Altona	Hof	22.08.69	03.12.69	++
01 068	AEG 3937	28.07.28	Altona	Kaiserslautern	06.06.64	10.03.65	++
01 069	AEG 3938	10.07.28	Altona	Dresden	21.02.78	19.11.80	++
01 070	AEG 3939	08.08.28	Altona	Paderborn	31.07.64	10.30.65	++
01 071	AEG 3940	24.08.28	Altona	Augsburg	20.01.67	22.05.67	++
01 072	AEG 3941	31.08.28	Bebra	Würzburg	09.07.65	01.09.65	++
01 073	AEG 3942	17.09.28	Bebra	Ehrang	15.02.71	02.06.71	++
01 074	AEG 3943	04.10.28	Bebra	Kaiserslautern	07.04.64	10.03.65	++
01 075	AEG 3944	10.10.28	Bebra	Treuchtlingen	04.12.62	28.05.63	++
01 076	AEG 3945	05.11.28	Bebra	Augsburg	30.03.67	05.07.67	++
01 077	BMAG 9306	1930	Offenburg	Paderborn	20.09.66	22.11.66	++
01 078	BMAG 9307	24.04.30	Offenburg	Gießen	31.05.65	04.03.66	++
01 079	BMAG 9308	03.05.30	Offenburg	Trier	11.11.66	22.05.67	++
01 080	BMAG 9309	13.05.30	Offenburg	Trier	26.10.66	22.05.67	++
01 081	BMAG 9310	03.05.30	Offenburg	Hof	18.03.69	19.09.69	Unfalllok/++
01 082	BMAG 9311	1930	Erfurt P	Augsburg	21.10.68	03.03.69	++
01 083	BMAG 9312	14.06.30	Erfurt P	Hof	30.12.67	12.03.68	++
01 084	BMAG 9313	18.06.30	Erfurt P	Berlin Ostbf	13.03.75	05.05.75	++
01 085	BMAG 9314	23.06.30	Hannover Ost	Magdeburg	30.06.72	13.07.73	++
01 086	BMAG 9315	28.06.30	Hannover Ost	Bremen Hbf	06.09.67	12.03.68	++
01 087	Krupp 1166	06.11.30	Hannover Ost	Bremen Hbf	18.12.63	18.12.63	++
01 088	Krupp 1167	20.11.30	Hannover Ost	Hof	03.06.73	24.08.73	++

Lok-nummer	Hersteller Fabrik-Nr.	Abnahme	erstes Bw	letztes Bw	z-gestellt	ausge-mustert	Bemerkungen (++ = zerlegt)
01 089	Krupp 1168	03.12.30	Hamm P	Stendal	31.10.69	30.09.71	++
01 090	Krupp 1170	11.12.30	Hamm P	Mühldorf	11.05.67	14.11.67	++
01 091	Krupp 1171	12.01.31	Frankfurt (M) 1	Gießen	03.02.66	20.06.66	++
01 092	Krupp 1172	06.01.31	Frankfurt (M) 1	Hof	13.10.67	12.03.68	++
01 093	Krupp 1173	30.01.31	Frankfurt (M) 1	Augsburg	11.02.66	20.06.66	++
01 094	Krupp 1174	06.02.31	Frankfurt (M) 1	Gießen	16.10.62	28.05.63	++
01 095	Krupp 1175	05.03.31	Frankfurt (M) 1	Augsburg	22.09.67	12.03.68	++
01 096	Krupp 1176	25.03.31	Frankfurt (M) 1	Hof	22.11.65	04.03.66	++
01 097	Krupp 1177	1931	Berlin Ahb	Koblenz-Mosel	20.02.59	20.07.59	++
01 098	Krupp 1178	07.05.31	Berlin Leb	Bremen Hbf	19.01.67	22.05.67	++
01 099	Krupp 1179	09.06.31	Berlin Leb	Gießen	09.09.64	01.09.65	++
01 100	Krupp 1180	26.06.31	Berlin Leb	Köln-Dfd.	16.11.64	10.03.65	++
01 101	Krupp 1181	17.07.31	Erfurt P	Frankfurt (M) 1	30.11.57	20.11.58	Unfalllok/++
01 102	Hen 22459	09.11.34	Frankfurt (M) 1	Saarbrücken	14.01.69	10.07.69	++
01 103	Hen 22460	13.11.34	Frankfurt (M) 1	Hof	05.01.73	12.04.73	++
01 104	Hen 22461	15.11.34	Berlin Ahb	Lehrte	18.09.68	11.12.68	++
01 105	Hen 22462	22.11.34	Offenburg	Hannover Hgbf	08.11.67	12.03.68	++
01 106	Hen 22463	27.11.34	Berlin Ahb	Bremen Hbf	20.11.67	12.03.68	++
01 107	Hen 22464	03.12.34	Berlin Leb	Berlin Ostbf		bis 11.63	Umbau in 01 517
01 108	Hen 22465	05.12.34	Braunschweig	Saarbrücken	14.01.69	10.07.69	++
01 109	Hen 22466	06.12.34	Braunschweig	Hof	16.11.67	12.03.68	++
01 110	BMAG 10308	1934	Hannover Ost	Erfurt P	1947	20.11.50	Kriegsschaden/++
01 111	BMAG 10309	29.11.34	Hannover Ost	Hof	01.11.73	06.03.74	DDM Nm.-Wirsberg
01 112	BMAG 10310	07.12.34	Hannover Ost	Trier	01.06.67	14.11.67	++
01 113	BMAG 10311	13.12.34	Offenburg	Rheine	01.07.68	02.10.68	++
01 114	BMAG 10312	20.12.34	Offenburg	Eisenach	10.04.84	11.06.85	seit '81 Heizlok/++
01 115	Krupp 1412	14.12.34	Offenburg	Paderborn	08.01.68	21.06.68	++
01 116	Krupp 1413	1934	Berlin Ahb	Berlin Ostbf		bis 12.64	Umbau in 01 533
01 117	Krupp 1414	1934	Berlin Ahb	Magdebg. Hbf		bis 09.63	Umbau in 01 516
01 118	Krupp 1415	22.12.34	Leipzig West	Saalfeld	z 10.81	07.11.81	HEF Frankfurt (M)
01 119	Krupp 1416	04.01.35	Leipzig West	Erfurt P		bis 09.64	Umbau in 01 528
01 120	Krupp 1417	12.03.35	Leipzig West	Karl-Marx-St.	28.03.79	07.08.79	zuletzt Heizlok/++
01 121	Krupp 1418	23.02.35	Leipzig West	Erfurt P		bis 11.62	Umbau in 01 505
01 122	Hen 22564	24.01.35	Nürnberg Hbf	Hannover	27.03.65	01.09.65	++
01 123	Hen 22565	25.01.35	Nürnberg Hbf	Ehrang	19.08.68	11.12.68	++
01 124	Hen 22566	30.01.35	Nürnberg Hbf	Rheine	01.07.68	02.10.68	++
01 125	Hen 22567	26.02.35	Nürnberg Hbf	Nürnberg Rbf	31.01.67	02.10.68	++
01 126	Hen 22568	07.02.35	Berlin Pog	Hof	10.03.72	15.08.72	++
01 127	Hen 22569	14.02.35	Berlin Pog	Wittenberge		bis 11.62	Umbau in 01 506
01 128	Hen 22570	28.02.35	Berlin Pog	Ehrang	14.08.70	27.11.70	++
01 129	Hen 22571	04.03.35	Berlin Pog	Erfurt P		bis 06.64	Umbau in 01 524
01 130	Hen 22572	07.03.35	Kassel	Nürnberg Rbf	29.05.67	02.10.68	++
01 131	Hen 22573	15.03.35	Kassel	Hof	03.06.73	24.08.73	++
01 132	Hen 22574	20.03.35	Kassel	Nürnberg Rbf	18.01.67	02.10.68	++
01 133	Hen 22575	27.03.35	Schneidemühl	Ehrang	21.10.71	15.12.71	++
01 134	Hen 22576	03.04.35	Schneidemühl	Rheine	01.04.67	05.07.67	++
01 135	Hen 22577	05.04.35	Schneidemühl	Berlin Osbf		bis 12.64	Umbau in 01 532
01 136	Hen 22578	12.04.35	Schneidemühl	Erfurt P		bis 12.62	Umbau in 01 507
01 137	Hen 22579	1935	Breslau Hbf	Dresden		(12.91)	DB Museum, Dresden
01 138	Hen 22580	04.06.35	Breslau Hbf	Lehrte	03.09.68	11.12.68	++
01 139	Hen 22581	21.05.35	Breslau Hbf	Magdebg. Hbf		bis 02.63	Umbau in 01 510
01 140	Hen 22582	22.05.35	Breslau Hbf	Bremen Hbf	03.11.65	20.06.66	Unfalllok/++
01 141	Krupp 1424	01.03.35	Hamm P	Paderborn	31.10.66	24.02.67	++
01 142	Krupp 1425	09.03.35	Offenburg	Erfurt P		bis 10.62	Umbau in 01 503
01 143	Krupp 1426	22.03.35	Offenburg	Erfurt P		bis 02.63	Umbau in 01 509
01 144	Krupp 1427	09.05.35	Nürnberg Hbf	Erfurt P		bis 03.64	Umbau in 01 521
01 145	Krupp 1428	29.05.35	Nürnberg Hbf	Nürnberg Rbf		22.01.47	Kriegsschaden/++
01 146	Krupp 1429	20.06.35	Nürnberg Hbf	Rheine	24.02.67	05.07.67	++
01 147	Krupp 1430	20.06.35	Offenburg	Hof	11.07.67	12.03.68	++
01 148	Krupp 1431	01.07.35	Bebra	Paderborn	12.07.67	14.11.67	++
01 149	Krupp 1432	18.07.35	Bebra	Hof	20.01.69	10.07.69	++
01 150	Hen 22698	12.10.35	Frankfurt (M) 1	Hof	05.11.73	13.11.73	DB Museum/Eisenbahnstiftung J.Schmidt
01 151	Hen 22699	16.10.35	Bebra	Hof	06.05.68	02.10.68	++
01 152	Hen 22700	18.10.35	Offenburg	Erfurt P		bis 04.63	Umbau in 01 513
01 153	Hen 22701	24.10.35	Offenburg	Erfurt P		bis 02.63	Umbau in 01 508
01 154	Hen 22702	31.10.35	Breslau Hbf	Nürnberg Hbf	01.06.66	27.09.66	++
01 155	Hen 22703	1935	Breslau Hbf	Hannover Ost		28.11.46	Kriegsschaden/++
01 156	Hen 22704	21.11.35	Schneidemühl	Magdebg. Hbf		bis 05.65	Umbau in 01 535
01 157	Hen 22705	14.11.35	Schneidemühl	Wittenberge		bis 09.62	Umbau in 01 502
01 158	Hen 22706	25.11.35	Magdebg. Hbf	Berlin Ostbf		bis 11.64	Umbau in 01 531
01 159	Hen 22707	26.11.35	Magdebg. Hbf	Lehrte	30.09.68	11.12.68	++
01 160	Hen 22708	03.12.35	Magdebg. Hbf	Erfurt P		bis 07.63	Umbau in 01 515
01 161	Hen 22709	06.12.35	Hannover Ost	Braunschweig	12.02.70	02.06.71	++
01 162	Hen 22710	14.12.35	Halle P	Magdebg. Hbf		bis 04.64	Umbau in 01 520
01 163	Hen 22711	18.12.35	Halle P	Erfurt P		bis 07.64	Umbau in 01 526
01 164	Hen 22712	16.01.36	Halle P	Braunschweig	05.05.71	15.12.71	Privat/DDM Nm.-Wirsberg
01 165	Hen 22713	22.01.36	Halle P	Berlin Ostbf	15.09.77	28.10.77	++
01 166	Hen 22714	23.01.36	Königsberg	Hannover Hgbf	04.04.67	05.07.67	++
01 167	Hen 22715	30.01.36	Königsberg	Bremen Hbf	27.09.68	11.12.68	++
01 168	Hen 22716	06.02.36	Königsberg	Hof	03.06.73	24.08.73	++
01 169	Hen 22717	14.02.36	Königsberg	Hof	22.03.71	15.12.71	++
01 170	Hen 22718	22.02.36	Göttingen P	Paderborn	16.03.67	22.05.67	++
01 171	Hen 22719	06.03.36	Göttingen P	Hof	30.07.68	11.12.68	++
01 172	Hen 22720	19.03.36	Göttingen P	Rheine	18.07.68	11.12.68	++
01 173	Hen 22721	01.04.36	Göttingen P	Hof	01.11.73	15.12.73	Förderverein DTM Berlin leihweise UEF, Heilbronn
01 174	Hen 22722	07.04.36	Breslau Hbf	Erfurt P		bis 04.62	Umbau in 01 501
01 175	Hen 22723	16.04.36	Breslau Hbf	Erfurt P		bis 03.63	Umbau in 01 512
01 176	Hen 22919	05.05.36	Kassel	Paderborn	29.12.65	19.08.66	++
01 177	Hen 22920	11.05.36	Kassel	Nürnberg Rbf	20.10.66	02.10.68	++
01 178	Hen 22921	18.05.36	Paderborn	Braunschweig	04.03.69	19.09.69	++

Lok-nummer	Hersteller Fabrik-Nr.	Abnahme	erstes Bw	letztes Bw	z-gestellt	ausge-mustert	Bemerkungen (++ = zerlegt)
01 179	Hen 22922	22.05.36	Paderborn	Braunschweig	25.09.69	03.12.69	++
01 180	Hen 22923	27.05.36	Paderborn	Hof	31.05.73	24.08.73	BEM Nördlingen
01 181	Hen 22924	04.06.36	Paderborn	Hof	01.11.72	21.12.72	++
01 182	Hen 22925	09.06.36	Bebra	Nürnberg Rbf	29.05.67	02.10.68	++
01 183	Hen 22926	09.06.36	Bebra	Hof	17.02.69	03.12.69	++
01 184	Hen 22927	08.06.36	Dresden-Alt	Erfurt P		bis 04.64	Umbau in 01 522
01 185	Hen 22928	16.06.36	Dresden-Alt	Erfurt P		bis 12.63	Umbau in 01 518
01 186	Hen 22929	17.06.36	Dresden-Alt	Erfurt P		bis 02.64	Umbau in 01 519
01 187	Hen 22930	25.06.36	Berlin Leb	Hof	15.01.73	12.04.73	++
01 188	Hen 22931	27.06.36	Berlin Ahb	Bremen Hbf	15.11.65	20.06.66	Unfalllok/++
01 189	Hen 22932	03.07.36	Berlin Ahb	Augsburg	22.01.69	10.07.69	++
01 190	Hen 22933	09.07.36	Berlin Ahb	Hof	18.08.71	15.12.71	++
01 191	Hen 23243	16.02.37	Breslau Hbf	Erfurt P		bis 05.64	Umbau in 01 523
01 192	Hen 23244	07.01.37	Köln-Deutzerf.	Hof	08.07.72	08.11.72	++
01 193	Hen 23245	21.12.36	Köln-Deutzerf.	Rheine	11.04.68	21.06.68	++
01 194	Hen 23246	31.12.36	Köln-Deutzerf.	Rheine	07.02.67	22.05.67	++
01 195	Hen 23247	07.01.37	Köln-Deutzerf.	Bremen Hbf	28.02.66	20.06.66	Unfalllok/++
01 196	Hen 23248	30.01.37	Köln-Deutzerf.	Rheine	24.02.67	05.07.67	++
01 197	Hen 23249	28.02.37	Köln-Deutzerf.	Rheine	05.01.67	22.05.67	++
01 198	Hen 23250	03.02.37	Köln-Deutzerf.	Bremen Hbf	20.09.68	11.12.68	++
01 199	Hen 23251	19.02.37	Hof	Ehrang	18.01.72	18.04.72	++
01 200	Hen 23252	06.03.37	Hof	Hof	27.04.71	09.09.71	++
01 201	Hen 23253	12.03.37	Dresden-Alt	Hof		28.04.46	Kriegsschaden/++
01 202	Hen 23254	20.03.37	Dresden-Alt	Hof	17.02.73	12.04.73	Privat, Lyss (CH)
01 203	Hen 23255	22.03.37	Halle P	Magdebg. Hbf		bis 05.65	Umbau in 01 534
01 204	Hen 23256	01.04.37	Halle P	Wismar		16.06.82	Museum Hermeskeil
01 205	Hen 23257	02.04.37	Halle P	Berlin Ostbf		bis 09.64	Umbau in 01 529
01 206	Krupp 1610	09.06.37	Magdebg. Hbf	Braunschweig	21.11.68	03.03.69	Unfalllok/++
01 207	Krupp 1611	28.06.37	Schneidemühl	Dresden	22.02.78	01.12.78	++
01 208	Krupp 1612	23.06.37	Erfurt P	Berlin Ostbf		bis 06.63	Umbau in 01 514
01 209	Krupp 1613	14.07.37	Königsberg	Rheine	01.04.67	05.07.67	++
01 210	Krupp 1614	24.08.37	Königsberg	Hof	26.04.71	09.09.71	++
01 211	Krupp 1615	02.09.37	Königsberg	Hof	21.04.73	24.08.73	++
01 212	Krupp 1616	28.09.37	Königsberg	Hof	07.05.68	02.10.68	++
01 213	Hen 23461	05.05.37	Nürnberg Hbf	Hof	17.12.68	03.03.69	++
01 214	Hen 23462	12.03.37	Nürnberg Hbf	Erfurt P	08.45	05.10.50	Kriegsschaden/++
01 215	Hen 23463	13.05.37	Berlin Pog	Hof	27.07.67	12.03.68	++
01 216	Hen 23464	20.05.37	Dresden-Alt	Paderborn	26.09.67	12.03.68	++
01 217	Hen 23465	25.05.37	Dresden-Alt	Braunschweig	21.05.71	09.09.71	++
01 218	Hen 23466	27.05.37	Erfurt P	Erfurt P		bis 03.63	Umbau in 01 511
01 219	Hen 23467	02.06.37	Erfurt P	Erfurt P		bis 06.64	Umbau in 01 525
01 220	Hen 23468	05.06.37	Hof	Nürnberg Rbf	29.05.68	02.10.68	Denkmal Treuchtlingen
01 221	Hen 23469	17.06.37	Hof	Berlin Ostbf		bis 10.64	Umbau in 01 530
01 222	Hen 23470	30.06.37	Göttingen P	Hannover Hgbf	24.10.66	22.05.67	Unfalllok/++
01 223	Hen 23471	07.07.37	Magdebg. Hbf	Hannover Hgbf	15.03.68	02.10.68	++
01 224	Hen 23555	09.03.38	Hannover Ost	Wittenberge		bis 10.62	Umbau in 01 504
01 225	Hen 23556	22.03.38	Leipzig West	Erfurt P		bis 08.64	Umbau in 01 527
01 226	Hen 23557	06.04.38	Dresden-Alt	Berlin Ostbf	17.06.73	13.07.73	++
01 227	Hen 23558	23.04.38	Dresden-Alt	Lehrte	05.01.73	12.04.73	++
01 228	Hen 23559	05.05.38	Berlin Pog	Rheine	05.12.67	12.03.68	++
01 229	Hen 23560	19.05.38	Nürnberg Hbf	Hof	23.03.72	15.08.72	++
01 230	Hen 23561	14.06.38	Köln-Deutzerf.	Hof	16.02.72	18.04.72	++
01 231	Hen 23562	09.06.38	Köln-Deutzerf.	Rheine	22.08.68	11.12.68	++
01 232	Hen 23563	01.07.38	Köln-Deutzerf.	Paderborn	07.06.67	14.11.67	++
01 011	Mei 1	Umbau aus 02 001 (Hen 20460/1925)					
		11.09.37	Hof	Hagen-Eckesey	21.01.64	30.11.64	++
01 233	Mei 2	Umbau aus 02 005 (Hen 20464/1925)					
		07.04.38	Hof	Gießen	20.05.65	01.09.65	++
01 234	Mei 3	Umbau aus 02 003 (Hen 20462/1925)					
		17.09.38	Hof	Hof	05.06.72	08.11.72	++
01 235	Mei 4	Umbau aus 02 010 (Maffei 5622/1925)					
		21.11.38	Hof	Trier	07.05.68	02.10.68	++
01 236	Mei 5	Umbau aus 02 007 (Hen 20466/1925)					
		21.09.39	Hof	Hof	19.11.65	04.03.66	++
01 237	Mei 6	Umbau aus 02 002 (Hen 20461/1925)					
		30.11.39	Hof	Hof	04.11.65	03.03.66	++
01 238	Mei 7	Umbau aus 02 009 (Maffei 5621/1925)					
		16.05.40	Hof	Hof	12.03.45	28.04.46	Kriegsschaden/++
01 239	Mei 8	Umbau aus 02 006 (Hen 20465/1925)					
		11.07.41	Hof	Hof	15.11.65	04.03.66	++
01 240	Mei 9	Umbau aus 02 008 (Hen 20467/1925)					
		15.10.42	Hof	Hof	05.05.68	02.10.68	++
01 241	Mei 10	Umbau aus 02 004 (Hen 20463/1925)					
		15.11.42	Hof	Hannover	01.10.62	12.11.62	++
01 501	Mei 103	30.04.62	Halle P VES-M	Saalfeld	03.11.80	31.03.81	++ 06.81
01 502	Mei 104	27.09.62	Erfurt P	Rostock	03.03.82	14.06.82	danach Dsp/++10.88
01 503	Mei 105	02.10.62	Erfurt P	Pasewalk	25.07.80	19.06.81	++12.81
01 504	Mei 106	31.10.62	Halle P VES-M	Pasewalk	18.06.81	21.07.81	++02.82
01 505	Mei 107	09.11.62	Erfurt P	Saalfeld	02.09.80	20.05.81	++07.81
01 506	Mei 108	30.11.62	Erfurt P	Berlin Ostbf	16.09.78	05.02.81	++04.81
01 507	Mei 109	20.12.62	Erfurt P	Schwerin	29.04.80	29.05.81	zuletzt Hzl/++07.81
01 508	Mei 110	06.02.63	Erfurt P	Magdeburg	30.05.81	16.09.81	zuletzt Hzl/++11.81
01 509	Mei 111	13.02.63	Erfurt P	Schwerin	10.09.82	30.06.85	PRESS, Glauchau
01 510	Mei 112	28.02.63	Erfurt P	Pasewalk	16.11.81	02.03.89	zuletzt Dsp/++1990 *)
01 511	Mei 113	20.03.63	Erfurt P	Magdeburg	22.11.85	18.11.85	zuletzt Hzl/++01.86
01 512	Mei 114	31.03.63	Erfurt P	Magdeburg	17.11.85	18.11.85	zuletzt Hzl/++12.85
01 513	Mei 115	30.04.63	Erfurt P	Pasewalk	01.82	02.03.89	zuletzt Dsp/++01.90 *)
01 514	Mei 116	30.06.63	Erfurt P	Saalfeld	30.05.83	25.05.84	Technikmuseum Speyer
01 515	Mei 117	31.07.63	Erfurt P	Berlin Ostbf	12.06.79	23.10.79	danach Dsp/++05.89
01 516	Mei 118	31.08.63	Erfurt P	Berlin Ostbf	01.12.77	04.01.78	11.77 Kesselzerknall ++
01 517	Mei 119	26.11.63	Erfurt P	Pasewalk	18.08.82	02.03.89	zuletzt Dsp/++10.89 *)
01 518	Mei 120	31.12.63	Erfurt P	Saalfeld	12.03.81	29.05.81	++05.81
01 519	Mei 121	29.02.64	Erfurt P	Saalfeld	01.82	14.03.91	1983 bis 1988 Dsp *) EF Zollernbahn, Rottweil
01 520	Mei 122	08.04.64	Erfurt P	Saalfeld	29.11.81	20.09.83	++10.83
01 521	Mei 123	31.03.64	Erfurt P	Saalfeld	16.11.81	14.09.83	++12.83
01 522	Mei 124	30.04.64	Erfurt P	Saalfeld	11.01.82	20.09.83	++12.83
01 523	Mei 125	25.05.64	Erfurt P	Rostock	24.02.82	31.05.82	danach Dsp/++04.87
01 524	Mei 126	22.06.64	Erfurt P	Saalfeld	29.11.81	20.09.83	++10.83
01 525	Mei 127	30.06.64	Erfurt P	Saalfeld	03.08.80	19.11.80	++02.81
01 526	Mei 128	21.07.64	Erfurt P	Pasewalk	14.11.79	17.12.82	++03.83
01 527	Mei 129	25.08.64	Erfurt P	Schwerin	05.06.82	03.12.84	zuletzt Hzl/++01.85
01 528	Mei 130	09.09.64	Erfurt P	Rostock	29.04.80	13.02.81	zuletzt Hzl/++04.81
01 529	Mei 132	30.09.64	Erfurt P	Berlin-Swv	21.02.83	08.07.83	zuletzt Hzl/++09.83
01 530	Mei 133	28.10.64	Erfurt P	Pasewalk	01.08.80	16.09.81	++10.82
01 531	Mei 134	30.11.64	Erfurt P	Saalfeld			DB Museum, Arnstadt
01 532	Mei 135	17.12.64	Erfurt P	Schwerin	29.04.80	13.02.81	zuletzt Hzl/++05.81
01 533	Mei 136	31.12.64	Erfurt P	Saalfeld	12.02.84	01.04.84	1983 bis 1989 Dsp **) ÖGEG, Ampflwang
01 534	Mei 137	28.04.65	Erfurt P	Altenburg	02.03.84	14.06.84	zuletzt Hzl/++08.84
01 535	Mei 138	31.05.65	Erfurt P	Pasewalk	01.08.80	20.10.81	zuletzt Hzl/++02.82

Abkürzungen

Hersteller:
BMAG = Berliner Maschinenbau AG (vormals Louis Schwartzkopff)
Hen = Henschel
Mei = Raw Meiningen (für Umbau der 02 in 01 und der 01 in 01^5)
Bahnbetriebswerke:
Berlin Ahb = Berlin Anhalter Bf
Berlin Leb = Berlin Lehrter Bf
Berlin Pog = Berlin Potsdamer Gbf
Berlin-Swv = Berlin-Schöneweide (Verschiebebf)
Köln-Dfd = Köln-Deutzerfeld
Spalte Bemerkungen: Dsp = Dampfspender; Hzl = Heizlok
Museen und Vereine:
BEM = Bayerisches Eisenbahnmuseum
DDM = Deutsches Dampflokmuseum
DGEG = Deutsche Gesellschaft für Eisenbahngeschichte
DTM = Deutsches Technikmuseum
HEF = Historische Eisenbahn Frankfurt
ÖGEG = Österreichische Gesellschaft für Eisenbahngeschichte
UEF = Ulmer Eisenbahnfreunde
VM = Verkehrsmuseum

Anmerkungen

*) Bei den 01^5 ist in der Regel das Datum der ersten z-Stellung angegeben. Zum Teil wurden die 01^5 (wie auch Altbau-01) schon vor diesem Datum nur noch als Heizloks verwendet. Die zuletzt beim Bw Saalfeld im Zugdienst verwendeten Öllloks 01 510, 513, 517 und 519 wurden nach der ersten z-Stellung in kohlegefeuerte Dampfspender für die Brauerei Greifswald umgebaut und buchmäßig beim Bw Pasewalk geführt, dann am 18.9.1988 ein zweites Mal z-gestellt. 01 519 gehörte nach ihrer Aufarbeitung vom 1.2. bis 14.3.1991 nochmals zum Bw Saalfeld (als Gegenleistung für den 1990 an die DR vermieteten VT 601 an das Unternehmen Jelka/Liechtenstein veräußert; seit 1996 Eigentum der Eisenbahnfreunde Zollernbahn).

**) Die 1983 in einen kohlegefeuerten Dampfspender umgebaute 01 533 war zunächst an die Schokoladenfabrik Berggold in Pößneck vermietet, im April 1984 wurde sie an die SGH Textilwaren Pößneck verkauft, deren Nachfolgefirma sie 1991 an die ÖGEG veräußerte.

Stand: Oktober 2018

Unsere Fachhändler im In- und Ausland, geordnet nach Postleitzahlen

Modellbahn-Center • EUROTRAIN Idee+Spiel-Fachgeschäft • Spielzeugring-Fachgeschäft
FH = Fachhändler • RW = Reparaturdienst und Werkstätten • H = Hersteller • A = Antiquariat • B = Buchhändler • SA = Schauanlagen

01187 Dresden
SCHILDHAUER-MODELLBAHN
Würzburger Str. 81
Tel.: 0351 / 27979215 • Fax: 0351 / 27979213
www.modellbahn-schildhauer.de
modellbahn-schildhauer@online.de
FH

01445 Radebeul
MODELLEISENBAHNEN
Grundkötter GmbH
Hauptstr. 22
Tel.: 0351 / 8308180 • Fax: 0351 / 8365950
www.modellbahn-radebeul.de • gruni64@aol.com
FH/RW

04159 Leipzig
bahnundbuch.de
Versandhandel für Fachliteratur, Videos, DVDs, CDs
Raustr. 12
Tel.: 0341 / 2682492 • www.bahnundbuch.de
B

10318 Berlin
MODELLBAHNBOX KARLSHORST
Treskow-Allee 104
Tel.: 030 / 5083041
www.modellbahnbox.de
FH/RW/A EUROTRAIN

10589 Berlin
MODELLB. am Mierendorffplatz GmbH
Mierendorffplatz 16
Direkt an der U7 / Märklin-Shop-Berlin
Tel.: 030 / 3449367 • Fax: 030 / 3456509
www.Modellbahnen-Berlin.de
FH EUROTRAIN

10789 Berlin
MODELLBAHNEN TURBERG
Lietzenburger Str. 51
Tel.: 030 / 2199900
Fax: 030 / 21999099
www.turberg.de
FH/RW/A/B EUROTRAIN

12105 Berlin
MODELLBAHN PIETSCH GMBH
Prühßstr. 34
Tel./Fax: 030 / 7067777
www.modellbahn-pietsch.com
EUROTRAIN

14057 Berlin
BREYER MODELLEISENBAHNEN
Kaiserdamm 99
Tel./Fax: 030 / 3016784
www.breyer-modellbahnen.de
FH/RW/A

22083 Hamburg
MEISES ModellbahnCenter
MMC GmbH & Co. KG
Beethovenstr. 64
Tel.: 040/60563593 • Fax: 040/18042390
www.meises-mobacenter.de
FH/RW EUROTRAIN

25355 Barmstedt
MODELLBAHNEN HARTMANN
Reichenstr. 24
Tel.: 04123 / 6706
Fax: 04123 / 959473
Modellbahnen-Hartmann@t-online.de
FH/RW/B EUROTRAIN

28865 Lilienthal b. Bremen
HAAR
MODELLBAHN-SPEZIALIST
Hauptstr. 96
Tel.: 04298 / 916521 • Fax: 04298 / 916527
haar.lilienthal@vedes.de
FH/RW

30159 Hannover
TRAIN & PLAY
Modelleisenbahnen • Modellautos
Breite Str. 7 • Georgswall 12
Tel.: 0511 / 2712701
Fax: 0511 / 9794430
FH/RW/A

31860 Emmerthal
MODELLBAHNBAU HILKER
Schloßstr. 26
Tel.: 05155 / 8575
www.hilker-modellbau.de
FH

33102 Paderborn
EMS EXCLUSIV MODELL-SESTER
Friedrichstr. 7 • Am Westerntor
Tel.: 05251 / 184752 • Fax: 05251 / 184753
www.modellbahn-sester.de
info@modellbau-sester.de
FH/RW/A/B

34379 Calden
RAABE'S SPIELZEUGKISTE
Ankauf – Verkauf von Modelleisenbahnen, Autos
Wilhelmsthaler Str. 11
Tel.: 05674/8234317 • wraabe@gmx.net
FH/RW/A/SA

40217 Düsseldorf
MENZELS LOKSCHUPPEN
TÖFF-TÖFF GMBH
Friedrichstr. 6 • LVA-Passage
Tel.: 0211 / 373328
www.menzels-lokschuppen.de
FH/RW EUROTRAIN

42289 Wuppertal
MODELLBAHN APITZ GMBH
Heckinghauser Str. 218
Tel.: 0202 / 626457 • Fax: 0202 / 629263
www.modellbahn-apitz.de
FH/RW/SA

44141 Dortmund
DER LOKSCHUPPEN
DORTMUND GMBH
Märkische Str. 227
Tel.: 0231 / 412920 • Fax: 0231 / 421916
www.Lokschuppen.com
FH EUROTRAIN

44339 Dortmund
MODELL TOM
• NEU • GEBRAUCHT • SERVICE •
Evinger Str. 484
Tel.: 0231 / 8820579 • Fax: 0231 / 8822536
www.modelltom.com
FH/RW

45479 Mülheim
MODELLBAHNLÄDCHEN EULER
K. EULER
Grabenstr. 2
Tel.: 0208 / 423573 • Fax: 0208 / 30599996
modellbahneuler@aol.com
FH

49078 Osnabrück
J.B. MODELLBAHN-SERVICE
Lotter Str. 37
Tel.: 0541 / 433135
Fax: 0541 / 47464
www.jbmodellbahnservice.de
FH/RW EUROTRAIN

52062 Aachen
M. HÜNERBEIN OHG
Markt 11–15
Tel.: 0241 / 33921
Fax: 0241 / 28013
EUROTRAIN

53111 Bonn
MODELLBAHNSTATION BONN
Römerstr. 23
Tel.: 0228 / 637420
FH EUROTRAIN

58135 Hagen-Haspe
LOKSCHUPPEN HAGEN HASPE
Vogelsanger Str. 36-40
Tel.: 02331 / 404453 Fax: 02331 / 404451
www.lokschuppenhagenhaspe.de
office@lokschuppenhagenhaspe.de
FH/RW

63110 Rodgau
MODELL + TECHNIK
Ute Goetzke
Untere Marktstr. 15
Tel.: 06106 / 74291 • Fax: 06106 / 779137
info@mut-goetzke.de
FH

63654 Büdingen
MODELL & TECHNIK
RAINER MÄSER
Berliner Str. 4
Tel.: 06042 / 3930
Fax: 06042 / 1628
FH EUROTRAIN

67071 Ludwigshafen-Oggersh.
SPIELWAREN WERST
Schillerstraße 3
Tel.: 0621 / 682474
Fax: 0621 / 684615
www.werst.de • werst@werst.de
FH/RW

67146 Deidesheim
moba-tech
der modelleisenbahnladen
Bahnhofstr. 3
Tel.: 06326 / 7013171 • Fax: 06326 / 7013169
www.moba-tech.de • info@moba-tech.de
FH/RW

67655 Kaiserslautern
DiBa-MODELLBAHNEN
Königstr. 20-22
Tel./Fax: 0631 / 61880
geschaeft@diba-modellbahnen.de
FH/RW EUROTRAIN

69214 Eppelheim/Heidelberg
MODELLBAHN SCHUHMANN
Schützen-/Ecke Richard-Wagner-Str.
Tel.: 06221 / 76 38 86
Fax: 06221 / 768700
www.Modellbahn-Schuhmann.de
FH/RW EUROTRAIN

70180 Stuttgart
SUCH & FIND
An- + Verkauf von Modellbahnen
Mozartstr. 38
Tel. + Fax: 0711 / 6071011
www.suchundfind-stuttgart.de
A

71334 Waiblingen
EISENBAHNTREFFPUNKT
Schweickhardt GmbH & Co. KG
Biegelwiesenstr. 31
Tel.: 07151/937931 • Fax: 07151/34076
ets@modelleisenbahn.com
FH/RW/A/B EUROTRAIN

71638 Ludwigsburg
ZINTHÄFNER
Spiel – Freizeit
Solitudestr. 40
Tel.: 07141 / 925611
FH

71720 Oberstenfeld
SYSTEM COM 99
Modellbahn-Zentrum-Bottwartal
Schulstr. 46
Tel.: 07062 / 9788811
www.Modellbahn-Zentrum-Bottwartal.de
FH/RW

73431 Aalen
MODELLBAU SCHAUFFELE
Wilhelm-Merz-Str. 18
Tel.: 07361/32566
Fax: 07361/36889
www.schauffele-modellbau.de
FH/RW/Märklin Shop in Shop

75339 Höfen
DIETZ MODELLBAHNTECHNIK
+ ELEKTRONIK
Hindenburgstr. 31
Tel.: 07081 / 6757
www.d-i-e-t-z.de • info@d-i-e-t-z.de
FH/RW/H

QUELLENVERZEICHNIS

Deutsche Bundesbahn/BZA Minden: Merkbuch für die Schienenfahrzeuge - Dampflokomotiven und Tender (DV 939 a). Ausgabe 1953

Deutsche Reichsbahn: Beschreibung der 2C1-h2-Schnellzuglokomotive Reihe 01

Deutsche Reichsbahn/HvM: Merkbuch für Triebfahrzeuge (939 Tr) – Datenblätter zur Baureihe 01. Ausgabe März 1962

Düring, Theodor: Die deutschen Schnellzug-Dampflokomotiven der Einheitsbauart - Die Baureihen 01 bis 04 der Typenreihe 1925. Franckh'sche Verlagshandlung, Stuttgart 1979

Ebel, Jürgen-Ulrich: Die Baureihe 01^{10}, Band 1. EK-Verlag, Freiburg 2010

Eisenbahn-Zentralamt Berlin: Merkbuch für die Fahrzeuge der Reichsbahn – I. Dampflokomotiven und Tender. Ausgabe 1924 mit Nachtrag von 1929

Garn, Robin (Hrsg.): Reichsbahn ohne Reich – Bände 1 und 2. Verlag LOK Report, Berlin 1996/1999

Lucas, Volker und Schnabel, Heinz: Die Baureihe 01^5 – Die legendäre „Reko-01" der Deutschen Reichsbahn. EK-Verlag, Freiburg 2002

Mühl, Dr. A.: Dokumentation zur Lokomotivgeschichte – Höchstleistungen im Dampflokdienst der Deutschen Bundesbahn; in: LOK MAGAZIN Nr. 11 (März 1965)

Obermayer, Horst J.: 75 Jahre Einheitslokmotiven; in: Eisenbahn-Journal 11/2000

Weisbrod, Manfred und Petznick, Wolfgang: Baureihe 01 – Geschichte, Bau und Bewährung einer Schnellzuglokomotive. Transpress Verlag, Stuttgart 1993

Weisbrod, Manfred und Rittig, Franz: Reko-Lokomotiven. Eisenbahn-Journal Special 2/2002

Wenzel, Hansjürgen: Die Baureihe 01. Arge Eisenbahn-Kurier, Solingen 1972

Ferner wurden diverse Stationierungsverzeichnisse der Arge Eisenbahn-Kurier, des EK-Verlags, des Röhr-Verlags und des Verlags B. Neddermeyer ausgewertet; für die Einsatzgeschichte auch Hefte der Reihen EK-Special „Die DB vor 25 Jahren", EK-Themen „Die DR vor 25 Jahren" und EK-Aspekte „DB-Dampfloks 1971/1972/1973/1974".

Als Informationsquellen zu erhaltenen Lokomotiven dienten auch die Internetseiten
• http://www.eisenbahn-museumsfahrzeuge.com
• https://de.wikipedia.org/wiki/Liste_in_Deutschland_vorhandener_Dampflokomotiven

Ein besonderer Dank des Verfassers gilt den Herren Uwe Keil, Ronald Krug und Fritz Wolff für mit Laufplänen belegte ergänzende Informationen über den 01-Einsatz bei der Deutschen Bundesbahn.

Andreas Ritz

EISENBAHN AM BODENSEE

Reise um den Bodensee durch Deutschland, Österreich und die Schweiz
Zweigstrecken | Bahnbetriebswerke zur Dampflokzeit | Eisenbahnfähren

EJ-Sonderausgabe 1/2019 erscheint im Januar 2019

Slg. Mitze/Bildarchiv der Eisenbahnstiftung

BAUREIHE 03^{10}

Dreizylinder-Schnellzugdampflok mit rund 18 t Achslast | erstes Baujahr 1939 in Dienst gestellt mit Stromlinienverkleidung | umgebaut von DB und DR

EJ-Special 1/2019 erscheint im März 2019

Eisenbahn JOURNAL

Gegründet von H. Merker
Erscheint in der Verlagsgruppe Bahn GmbH

Am Fohlenhof 9a, 82256 Fürstenfeldbruck
Tel. 0 81 41/5 34 81-0 • Fax 0 81 41/5 34 81-200
E-Mail: redaktion@eisenbahn-journal.de
Internet: www.eisenbahn-journal.de

Chefredakteur: Gerhard Zimmermann
Redaktion: Andreas Ritz, Dr. Christoph Kutter, Tobias Pütz

Extra-Ausgabe 2/2018:
Baureihe 01

Autor: Konrad Koschinski
Redaktion: Andreas Ritz
Gestaltung: Sabine Novotny
Bildbearbeitung: Fabian Ziegler

Verlagsgruppe Bahn GmbH VGB
Am Fohlenhof 9a, 82256 Fürstenfeldbruck
Tel. 0 81 41/5 34 81-0 • Fax 0 81 41/5 34 81-100

Geschäftsführung: Ernst Rebelein, Andreas Schoo, Horst Wehner
Verlagsleitung: Thomas Hilge
Anzeigenleitung: Bettina Wilgermein (Durchwahl -153)
Anzeigensatz und Anzeigenlayout: Evelyn Freimann (Durchwahl -152)
Vertriebsleitung: Elisabeth Menhofer (Durchwahl -101)
Vertrieb und Auftragsannahme: Angelika Höfer (Durchwahl -104), Petra Schwarzendorfer (-105), Daniela Schätzle (-107), Martina Widmann (-108), E-Mail: bestellung@vgbahn.de
Sekretariat: Claudia Klausnitzer (-227), Tanja Baranowski (-202)
Außendienst, Messen: Christoph Kirchner, Ulrich Paul
Marketing: Thomas Schaller (Durchwahl -141), Karlheinz Werner (-142)
Vertrieb Pressegrosso und Bahnhofsbuchhandel: MZV GmbH & Co. KG, Ohmstraße 1, 85716 Unterschleißheim, Postfach 12 32, 85702 Unterschleißheim, Tel. 089/3 19 06-0, Fax 089/3 19 06-113
Abo-Service: FUNKE direkt GmbH, Postfach 104139, 40032 Düsseldorf, Tel. 0211/69 07 89-985, Fax -70, abo@eisenbahn-journal.de
Druck: Vogel Druck und Medienservice GmbH, Höchberg

Extra 2/2018
ISBN 978-3-89610-707-7